今すぐ使えるかんたん

ぜったいデキます！
インスタグラム
はじめて入門

iPhone・Android両対応

Imasugu Tsukaeru Kantan Series
Instagram Hajimete Nyumon

技術評論社

本書の使い方

- 操作を大きな画面でやさしく解説！
- 便利な操作を「ポイント」で補足！
- 巻頭の操作解説でもっと使いこなせる！

> 解説されている内容がすぐにわかる！

15 お気に入りのアカウントをフォローしよう

お気に入りのアカウントをフォローしてみましょう。そのアカウントの新しい投稿が自分の「フィード」画面に表示されるようになります。

> どのような操作ができるようになるかすぐにわかる！

フォローしたアカウントはどこでわかる？

画面右下の 🙂 を**タップ**し、自分のプロフィール画面を表示すると、上部に「フォロワー」と「フォロー中」があります。数字はフォロワーとフォローしているアカウントの数です。**タップ**すると一覧で表示されます。

投稿を見てみよう

自分のプロフィール画面で「フォロワー」と「フォロー中」の人数を確認できます。

「フォロワー」または「フォロー中」を**タップ**すると一覧が表示されます。

- やわらかい上質な紙を使っているので、開いたら閉じにくい！
- オールカラーで操作を理解しやすい！

大きな画面と操作のアイコンでわかりやすい！

プロフィール画面でフォロー

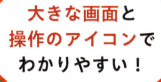

1 フィードに表示された投稿のアカウント名を**タップ**します。

ポイント
手順**1**で「フォロー」を**タップ**してもフォローできます。

第2章 投稿を見てみよう

2 相手のプロフィール画面が表示されるので「フォロー」を**タップ**します。

3 フォローしました。「フォロー」が「フォロー中」へと変わりました。

ポイント
フォローを解除する場合は、「フォロー中」を**タップ**し、「フォローをやめる」を**タップ**します。

便利な操作や注意事項が手軽にわかる！

スマホの操作解説

本書で使用するスマホ（スマートフォン）の操作をまとめて解説します。本書を読んでいてわからなくなったら、このページを見て確認するようにしてください。

● タップ

画面を指先で軽くたたくように触れて、すぐに離す操作です。画面上のアイコンを選択したり、ボタンを押して決定するときなどに使います。なお、2回続けてタップすると「ダブルタップ」になります。

● スワイプ

画面を指先で軽く払うように動かす操作です。インスタグラムでは主にフィード画面（Sec.11参照）などで投稿を次々と見るために使います。

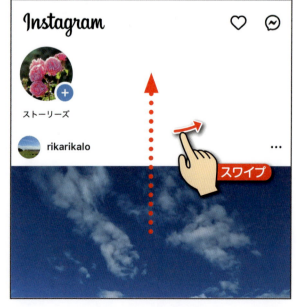

● ドラッグ

アイコンやバーに触れたまま、特定の位置までなぞってから指を離す操作です。インスタグラムでは画像や音声、動画の編集作業で使うことが多いです。

● 入力

文字を画面上の入力ボックスに入力したり、投稿を作成するときの操作です。スマホで操作する場合、キーボードを使って入力します。

今すぐ使えるかんたん　ぜったいデキます！
インスタグラム　はじめて入門

Contents

本書の使い方 ……………………………………………………………… 2

スマホの操作解説 ………………………………………………………… 4

目次 ………………………………………………………………………… 6

第1章　インスタグラムをはじめよう

01 インスタグラムとは？ …………………………………………… 12

02 インスタグラムでできること …………………………………… 14

03 インスタグラムをはじめるために必要なもの ………………… 16

04 インスタグラムをスマホにインストールしよう ……………… 18

05 アカウントを作成しユーザー登録しよう ……………………… 22

06 他の登録方法を知ろう …………………………………………… 30

07 インスタグラムの画面を知ろう ………………………………… 32

08 プロフィールを設定しよう ……………………………………… 34

09 インスタグラムの利用規約を知ろう …………………………… 38

10 インスタグラムを使う上でやってはいけないこと …………… 40

第2章 投稿を見てみよう

- 11 フィードを見てみよう ……………………………… 42
- 12 「検索＆発見」画面から調べてみよう ……………… 44
- 13 キーワードで検索しよう …………………………… 46
- 14 フォローとフォロワーについて知ろう …………… 48
- 15 お気に入りのアカウントをフォローしよう ……… 50
- 16 投稿に「いいね！」をつけよう …………………… 52
- 17 「いいね！」をつけた投稿を確認しよう ………… 54
- 18 投稿を保存しよう …………………………………… 56
- 19 保存した投稿を見よう ……………………………… 58
- 20 ストーリーズを見よう ……………………………… 60
- 21 リールを見よう ……………………………………… 64
- 22 投稿やリールにコメントしよう …………………… 68

第3章 写真を投稿してみよう

- 23 写真を投稿しよう …………………………………… 72
- 24 投稿に音楽を入れよう ……………………………… 78

25 写真を加工しよう ┈┈┈┈┈┈┈┈┈┈┈┈┈┈┈┈ 80

26 フィルターで見た目の良い写真にしよう ┈┈┈┈ 84

27 自分が投稿した写真を確認しよう ┈┈┈┈┈┈ 88

28 投稿を修正しよう ┈┈┈┈┈┈┈┈┈┈┈┈┈┈┈ 90

29 投稿を中断して後で公開しよう ┈┈┈┈┈┈┈ 94

30 投稿を削除しよう ┈┈┈┈┈┈┈┈┈┈┈┈┈┈┈ 96

31 削除した投稿を元に戻そう ┈┈┈┈┈┈┈┈┈┈ 98

第4章 ストーリーズやリールを投稿してみよう

32 ストーリーズとリールの違い ┈┈┈┈┈┈┈┈ 102

33 ストーリーズで動画を投稿しよう ┈┈┈┈┈ 104

34 投稿したストーリーズを確認しよう ┈┈┈┈ 108

35 ストーリーズを見たアカウントを確認しよう ┈┈ 110

36 ストーリーズのコメントに返信しよう ┈┈┈ 112

37 ストーリーズをまとめよう ┈┈┈┈┈┈┈┈┈ 116

38 リールで動画を投稿しよう ┈┈┈┈┈┈┈┈┈ 120

39 リールに文字を入れよう ┈┈┈┈┈┈┈┈┈┈ 124

40 リールに音楽を入れよう ┈┈┈┈┈┈┈┈┈┈ 128

41 リールのテンプレートを使ってみよう ……………… 134

42 リールを削除しよう ……………………………… 138

第5章 インスタグラムの上手な使い方を知ろう

43 ダイレクトメッセージを送ってみよう ……………… 142

44 通知を確認しよう ………………………………… 146

45 位置情報で検索しよう …………………………… 148

46 タグで検索しよう ………………………………… 152

47 自分のアカウントを他のユーザーに共有しよう …… 154

48 ノートで短いテキストを投稿しよう ……………… 156

49 映える写真の撮り方のコツを知ろう ……………… 158

50 インスタライブを見てみよう …………………… 162

第6章 インスタグラムを安全に使おう

51 アカウントを非公開にしよう …………………… 166

52 ユーザーをブロックしよう ……………………… 170

53 ユーザーをミュートにしよう …………………… 174

54 パスワードを変更しよう ･･････････････････････ 176

55 二段階認証にしよう ･･･････････････････････････ 180

56 通知設定を変更しよう ･･････････････････････････ 184

57 アカウントを削除しよう ･･･････････････････････ 186

索引 ･･ 190

ご注意：ご購入・ご利用の前に必ずお読みください

● 本書に記載された内容は、情報提供のみを目的としています。したがって、本書を用いた運用は、必ずお客様自身の責任と判断によって行ってください。これらの情報の運用の結果について、技術評論社および著者はいかなる責任も負いません。

● ソフトウェアに関する記述は、特に断りのないかぎり、2025年2月現在での最新情報をもとにしています。これらの情報は更新される場合があり、本書の説明とは機能内容や画面図などが異なってしまうことがあり得ます。あらかじめご了承ください。

● 本書の内容については、以下の機器およびOSで制作・動作確認を行っています。他機種とは異なる場合があり、そのほかのエディションについては一部本書の解説と異なるところがあります。あらかじめご了承ください。
　　iPhone 16 Pro（iOS 18.3）
　　Android Xperia 10IV（Android14）

● インターネットの情報については、URLや画面などが変更されている可能性があります。ご注意ください。
以上の注意事項をご承諾いただいた上で、本書をご利用願います。これらの注意事項をお読みいただかずに、お問い合わせいただいても、技術評論社および著者は対処しかねます。あらかじめご承知おきください。

■本書に掲載した会社名、プログラム名、システム名などは、米国およびその他の国における登録商標または商標です。本文中では™、® マークは明記していません。

インスタグラムをはじめよう

この章でできること

- インスタグラムについて知る
- インスタグラムをインストールする
- インスタグラムのアカウントを作成する
- プロフィールを設定する
- インスタグラムの利用規約を知る

インスタグラムとは？

まずはインスタグラムがどのようなものかを説明します。難しく考えすぎず、気軽にはじめてみましょう。

そもそもインスタグラムって何？

インスタグラム（Instagram、通称「インスタ」）は、写真や動画を中心としたSNS（ソーシャルネットワーキングサービス）です。

2010年10月にアプリが登場して以来、幅広いユーザー層に利用されてきました。俳優やモデルなどの有名人だけでなく、「インフルエンサー」と呼ばれる影響力のある一般人も活躍しています。

今やインスタグラムは、ユーザー間の交流や情報提供の場として不可欠となっているのです。また、多くの企業も参入し、マーケティングやブランディングの手段として利用しています。

インスタグラムを利用する目的

● ユーザーとの交流

● 写真や動画での
情報の提供、
または収集

● マーケティングや
ブランディングの
手段

インスタグラムでできること

インスタグラムには、写真や動画の閲覧や投稿、編集やユーザー同士の交流といったユーザーが楽しめる機能がたくさんあります。

見るだけでなく自分も投稿しよう

インスタグラムは、他のユーザーの投稿を見るだけでも十分に楽しめます。たとえば、好きなタレントの投稿を眺めるだけでも癒やされたり元気をもらったりします。

それだけではなく、自分自身も投稿すれば、新しい仲間が増え、日々の生活がより楽しくなるに違いありません。

インターネットを通じてコミュニケーションを楽しむこと、これこそがSNSの醍醐味なのです。

投稿も楽しみましょう。

インスタグラムでできること

写真の閲覧と動画の視聴

ユーザーが投稿した写真や動画を見ることができます。

写真や動画の投稿

写真や動画を投稿できます。また、リアルタイムの動画配信も可能です。

ユーザーとの交流

他のユーザーの投稿に「いいね！」やコメントをつけて交流ができます。

写真や動画の編集

「インスタ」アプリ上で写真や動画をお手軽に編集できます。

第1章 インスタグラムをはじめよう

03 インスタグラムをはじめるために必要なもの

第1章 インスタグラムをはじめよう

インスタグラムをはじめるには、撮影機材が必要だと思う人もいるかもしれませんが、スマホだけあればすぐにはじめられます。

写真や動画の撮影技術は必要？

インスタグラムには見映えの良い写真や動画がたくさん投稿されているので、「撮影の技術が必要なのでは？」と心配する人もいるでしょう。「インスタ」アプリ内に動画や写真を編集できる機能もあるので、心置きなく利用できます。

うまく撮影できなくてもアプリの編集機能で補正すれば見映えが良くなります。

16

インスタグラムを使う上で必要なもの

● インターネット

インスタグラムは、インターネットを利用するので、インターネットが使える環境が必要です。

● スマホ（スマートフォン）

スマホが必要です。いつでもどこでも手軽に投稿を見ることができます。また、撮影後すぐに投稿できるので便利です。

● パソコン

スマホの替わりにパソコンでも使えますが、その場合はインスタグラムのサイト（https://www.instagram.com/）にアクセスして利用します。

> **ポイント**
> パソコンでも投稿できますが、文字や音楽を入れるなどの細かな編集はできません。

第1章 インスタグラムをはじめよう

04 インスタグラムをスマホにインストールしよう

インスタグラムをはじめるには、スマホに「インスタ」アプリをインストールします。アプリは無料でインストールでき、使用料もかかりません。

第1章 インスタグラムをはじめよう

インスタグラムのアプリをインストールする方法

iPhoneの場合は「App Store」で検索します。

Androidの場合は「Playストア」で検索します。

iPhoneでインストールする方法

1. iPhoneの「ホーム」画面で「App Store」をタップします。

2. 画面下部の「検索」をタップし、

3. 上部の入力ボックスをタップします。

第1章 インスタグラムをはじめよう

4 「インスタ」と入力して、

5 キーボードの「検索」をタップします。

6 「Instagram」の「入手」をタップします。

7 「インストール」をタップします。

Androidスマホでインストールする方法

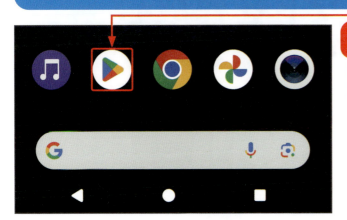

1 「ホーム」画面にある「Playストア」を**タップ**します。

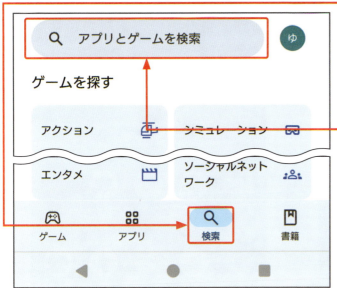

2 「検索」を**タップ**し、

3 画面上部の入力ボックスに「インスタ」と**入力**して検索します。

4 「インストール」を**タップ**します。

> **ポイント**
> すでにインスタグラムがインストール済みの場合は「開く」が表示されます。

第1章 インスタグラムをはじめよう

05 アカウントを作成し ユーザー登録しよう

インスタグラムを利用するにはアカウントを作成し、ユーザー登録することが必要です。

アカウントを作成する際の注意点

インスタグラムのアカウントを作成する際、自分の携帯電話の番号を入力した後、「メッセージ」アプリに番号が届きます。その番号を「インスタ」アプリに入力する必要があります。

iPhoneの「メッセージ」アプリ

Androidの「メッセージ」アプリ。お使いのスマホの機種によってアイコンが異なります。

アカウントを作成する

1 スマホの「ホーム」画面で「Instagram」のアイコンをタップします。

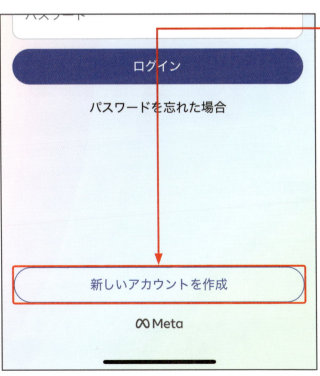

2 「新しいアカウントを作成」をタップします。

第1章 インスタグラムをはじめよう

く

携帯電話番号を入力してください

連絡が取れる携帯電話番号を入力してください。この
情報はプロフィールで他の人には表示されません。

携帯電話番号
09012345678

セキュリティやログインのために、WhatsAppやSMSでMeta
から通知が届くことがあります。

次へ

メールアドレスで登録

3 自分の携帯電話の番
号を**入力** し、

4 「次へ」を**タップ**
します。

ポイント

「メールアドレスで登録」をク
リックしてメールアドレスで
登録することも可能です。そ
の場合はメールで認証コード
が送られてきます。

く

認証コードを入力してください

アカウントを認証するには、SMSで+819012345678
に送信された6桁のコードを入力してください。

認証コード

次へ

コードが届かなかった

5 「メッセージ」アプリ
に届いた認証コードを
入力 します。

ポイント

「メッセージ」アプリに認証
コードが届くので、その番号
を入力してください。

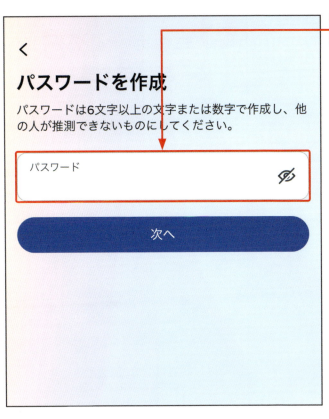

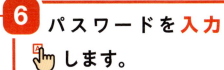

6 パスワードを入力します。

> **ポイント**
> パスワードは、6文字以上の文字か数字を半角で入力してください。

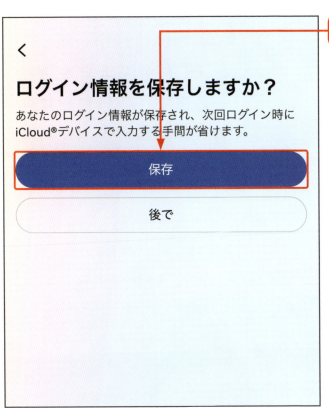

7 「保存」をタップします。

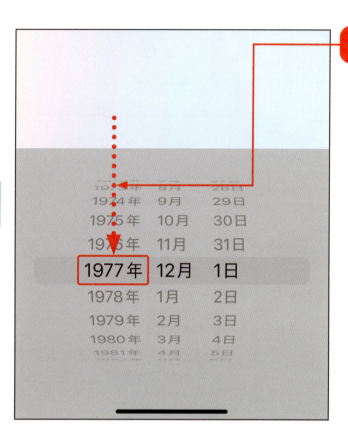

8 年をドラッグして、誕生年を選択します。

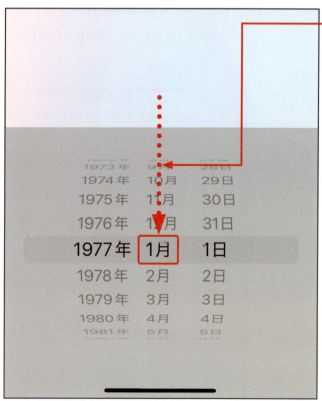

9 同様に月をドラッグして誕生月を選択します。同様に日にちも選択します。

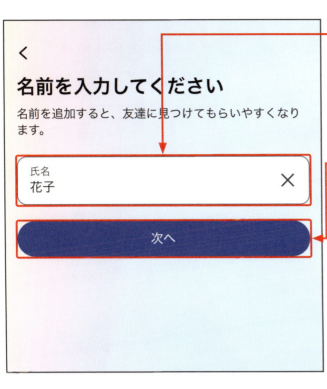

10 「インスタ」アプリ上で使う名前を**入力**し、

11 「次へ」を**タップ**します。

ポイント
名前は本名でなくても大丈夫です。好きな名前を入力しましょう。後で変更もできます。

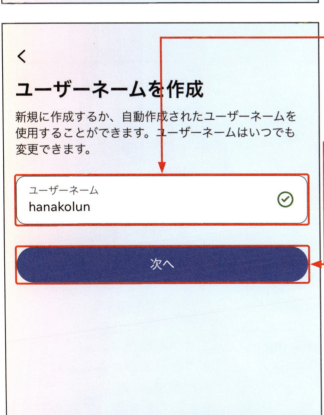

12 ユーザーネームを**入力**し、

13 「次へ」を**タップ**します。

ポイント
ユーザーネームは、ユーザーを識別するためのもので、半角の英数字、または「_」「.」を使って入力します。スペースや「@」「#」などは使えません。なお、すでに使用されているユーザーネームは使用できません。

第1章 インスタグラムをはじめよう

27

第1章 インスタグラムをはじめよう

Instagramの利用規約とポリシーに同意する

サービスの利用者があなたの連絡先情報をInstagramにアップロードしている場合があります。詳しくはこちら

[同意する]をタップすることで、アカウントの作成と、Instagramの規約、プライバシーポリシー、Cookieポリシーに同意するものとします。

プライバシーポリシーに、アカウントが作成された際にMetaが取得する情報の利用方法が記載されています。この情報は例えば、Meta製品の提供、パーソナライズ、改善などに利用され、これには広告も含まれます。

同意する

14 「同意する」をタップ👆します。

プロフィール写真を追加

プロフィール写真を追加して、友達があなたを見つけやすくしよう。この写真はすべての人に公開されます。

写真を追加

スキップ

15 プロフィール写真は後で設定するので「スキップ」をタップ👆します。

ポイント

スマホの環境によって、手続きの表示画面が異なる場合があります。「スキップ」や「次へ」をタップ👆して進めてください。

16「スキップ」をタップします。

ポイント
連絡先と同期するとスマホの連絡帳に登録している人と自動的につながってしまいます。会社や家族以外の人にも気づかれるかもしれないので許可しないことをおすすめします。

17「次へ」をタップします。

ポイント
インスタグラムがおすすめするアカウントが表示されます。ここでは何もせずに「次へ」をタップしてください。

18 インスタグラムの画面が表示されます。

ポイント
「通知を送信します」のメッセージでは「許可」をタップします。通知については、Sec.56で解説します。

06 他の登録方法を知ろう

すでにFacebook（フェイスブック）を利用している場合、そのアカウントを使って簡単に登録できます。

Facebookと同じアカウントでインスタグラムを利用できる

インスタグラムとFacebookはどちらもMeta社（旧Facebook社）のサービスで、Facebookを利用しているユーザーは、同じアカウントでインスタグラムにログインできます。連携させれば、インスタグラムでの投稿をFacebookに自動で投稿することも可能です。

Facebookとインスタグラムで同じアカウントを利用できます。

Facebookアカウントでログインする

1 スマホの「ホーム」画面でインスタグラムのアイコンを**タップ**し、「○○としてログイン」を**タップ**します。

ポイント
Facebookアプリを利用していると、「○○としてログイン」が表示されます。利用していない場合は表示されません。

2 「次へ」を**タップ**します。

3 「この情報を同期」を**タップ**します。以降、Sec.05と同様に操作します。

ポイント
Facebookで使用している本名とは別の名前にする場合、手順**3**で「後で」を選択してください。

07 インスタグラムの画面を知ろう

インスタグラムをはじめて使う人にとって、すべての画面を覚えるのは大変です。まずは初期画面である「フィード」画面を確認してみましょう。

インスタグラムは5つの画面で構成されている

インスタグラムは、「フィード」「検索＆発見」「投稿」「リール」「プロフィール」の5つの画面で構成されていて、下部のアイコンを**タップ**して切り替えるようになっています。

アプリを開くと最初に表示されるのが「フィード」画面です。フィード画面の使い方はSec.11で解説します。

「インスタ」アプリを開いた直後のフィード画面

インスタグラムの画面構成

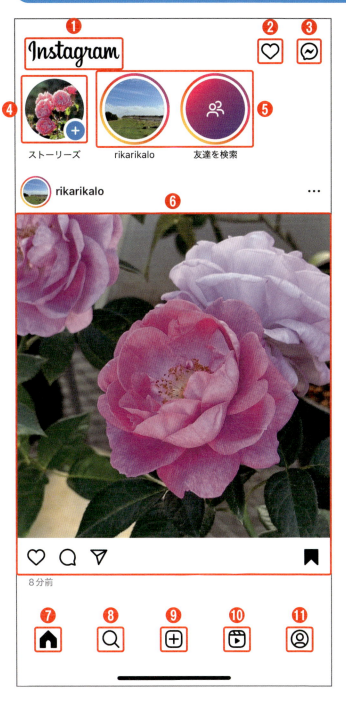

❶ タップすると「フォロー中」と「お気に入り」の切り替えができます。

❷ コメントや「いいね！」などの通知が表示されます。

❸ 他のアカウントに直接メッセージを送れるボタンです。

❹ 自分のアイコンです。

❺ おすすめやフォローしているアカウントのアイコンが表示されます。

❻ おすすめやフォローしているアカウント、自分の投稿が表示されます。

❼ 「フィード」画面：はじめにこの画面が表示されます。

❽ 「検索＆発見」画面：興味がありそうな投稿が表示されます。また、キーワードで検索ができます。

❾ 「投稿」画面：投稿をするときにタップします。

❿ 「リール」画面：ショート動画を視聴できます。

⓫ 「プロフィール」画面：自分のプロフィール画面が表示されます。

33

プロフィールを設定しよう

プロフィール画面は自己紹介のページです。投稿者がどんな人かを知るために見られる画面なので、しっかりと設定しておきましょう。

プロフィールの設定は必要？

ユーザーはフォロー（Sec.14参照）を検討する際に相手のプロフィールを確認します。そのため、自己紹介をしっかりと設定しておくと、フォローされやすくなります。

また、プロフィール写真はインスタグラム内での自分の顔でもあり、コメント欄にも表示されるので印象のよい画像を設定しましょう。

> プロフィール写真はコメント欄にも表示されます。

プロフィール写真を設定する

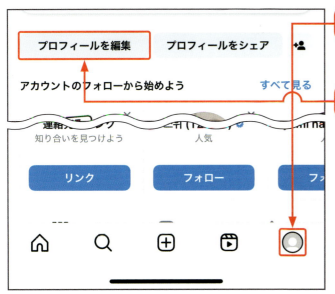

1. ◎をタップし、
2. 「プロフィールを編集」をタップします。

3. 「写真またはアバターを編集」をタップし、
4. 「ライブラリから選択」をタップします。

ポイント

はじめて設定する場合は、手順4の後に写真と動画へのアクセスについてのメッセージが表示されるので「フルアクセスを許可」（Androidは「すべて許可」）をタップしてください。

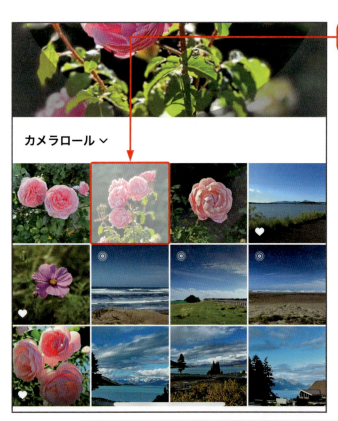

5 写真を**タップ**します。

6 **ピンチアウト**して使用する部分を囲み、

7 「完了」を**タップ**します。

> **ポイント**
>
> 画面上に親指と人差し指を置き、指を広げると画面を拡大できます。この操作を「ピンチアウト」と言います。

第1章 インスタグラムをはじめよう

自己紹介を入力する

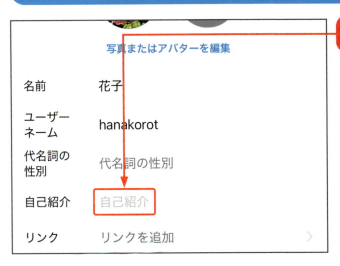

1 P.35手順3で「自己紹介」を**タップ**します。

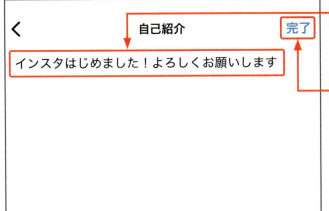

2 文字を**入力**し、

3 完了（Androidの場合は「チェック」アイコン）を**タップ**します。

4 「<」（Androidの場合は「←」）を**タップ**して戻ります。

インスタグラムの利用規約を知ろう

インスタグラムをはじめる前に利用規約を確認することが重要です。楽しく安全に利用するためにチェックしておきましょう。

利用規約に違反したらどうなる？

インスタグラムの利用規約やポリシーに違反した投稿は、削除される可能性があります。また、重大な違反や繰り返しの違反によって、アカウント自体が停止、または削除されることもあるので注意が必要です。

規約違反したことにより、大事な投稿が削除されたり、大切に育てたアカウントが消失したりするのは避けたいものです。そのためにも利用規約を守り、責任のある行動を心がけましょう。

第1章 インスタグラムをはじめよう

インスタグラムの利用規約（一部）

利用規約を守ることは難しくありません。基本的なモラルと礼儀を守るだけで、安心して利用できます。

- 13歳以上であること
- 他人になりすます行為をしない
- 誤解を招く行為、または詐欺的な行為は禁止
- 自動ツールなどの不正な方法でのアカウント作成は禁止
- アカウントを販売することはできない
- 他人の個人情報や機密情報を無断で投稿しない
- 著作権や肖像権、商標権などの権利を侵害しない

ポイント

インスタグラムの利用規約は、「プロフィール」画面右上の「≡」→「基本データ」→「利用規約」から確認できます。

10 インスタグラムを使う上でやってはいけないこと

第1章 インスタグラムをはじめよう

未成年を含む多くのユーザーがインスタグラムを利用しています。そのため、適切な行動を心掛け、すべての人が快適に使えるよう配慮しましょう。

インスタグラムで避けるべき行為

● **悪口や中傷を避ける**
他人を不快にする悪口や中傷、ヘイトスピーチは控えるようにしましょう。そのような発言をすると、他のユーザーとの交流を楽しめません。

● **個人情報を公開しない**
自分や他人の個人情報（住所、電話番号など）や、自宅が特定される可能性のある写真や動画を公開しないようにしましょう。

● **著作権や肖像権を尊重する**
他人の写真、動画、テキスト、音楽などの無断使用はできません。また、家族を含む他人の顔が写った写真を載せる場合は本人の許可が必要です。「知らなかった」という理由では許されないので注意しましょう。

● **不適切なコンテンツを投稿しない**
未成年のユーザーも利用しているため、露骨な性的内容や暴力的な内容、薬物使用の美化に関する投稿は避けましょう。

投稿を
見てみよう

この章でできること

- ユーザーをフォローする
- 投稿に「いいね！」をつける
- ストーリーズを見る
- リールを視聴する
- コメントをつける

フィードを見てみよう

インスタグラムを開いて最初に表示される画面が「フィード」です。よく使う画面なので、画面構成を確認しておきましょう。

フィードって何？

「フィード」は、インスタグラムのホームとなる画面で、おすすめの投稿やフォロー（Sec.14参照）しているユーザーの投稿が表示されます。写真と動画、広告が一緒に表示され、画面上を**スワイプ**して、次から次へと見ることが可能です。また、自分の投稿も他のユーザーのフィードに表示されるため、多くの人に見てもらえる場でもあります。

フィードには写真や動画が流れてきます。

広告の場合は、左上に小さく「広告」と表示されています。

フィードの投稿を見る

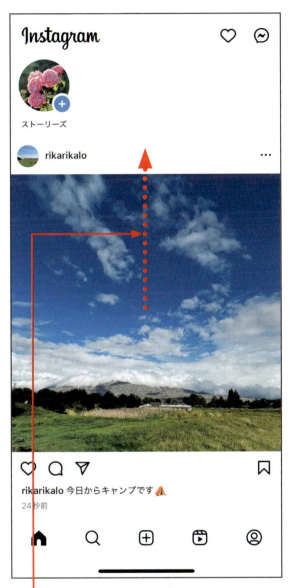

① 下から上へ指で払うようにスワイプ👆します。

② 次の投稿が表示されます。

第2章 投稿を見てみよう

「検索＆発見」画面から調べてみよう

見たい投稿を「検索＆発見」画面から探してみましょう。インスタグラムが自動的におすすめの投稿を表示してくれます。

「検索＆発見」とは？

「検索＆発見」画面には、過去に閲覧した投稿や「いいね！」した投稿などを元におすすめの投稿が表示されます。ユーザーの興味に合わせて表示されるため、ユーザーごとに別の投稿が表示される仕組みになっています。

> フォローしているアカウントや「いいね！」した投稿、過去に閲覧した投稿を元におすすめの投稿が表示されます。

おすすめの投稿を見る

1 画面下部の「検索＆発見」アイコンをタップします。

2 縦長、もしくは右上に動画のアイコンが付いているのが動画です。

ポイント
「検索＆発見」画面には、写真と動画が一緒に表示されます。

# キーワードで検索しよう

興味があることについて、キーワードを入力して検索することもできます。関連する投稿が一覧で表示されるので、見たい投稿を探してみましょう。

どのように投稿を探すの？

たとえば、「富士山」の投稿を見たい場合、「検索＆発見」画面の検索ボックスに「富士山」と入力すると、富士山に関連する写真や動画が表示されます。また、著名人のアカウントを探すときは、「アカウント」タブから名前で検索すると見つけやすいです。

行ってみたい場所やお店などを検索できます。

著名人のアカウントも検索できます。

キーワードを入力して検索する

1 「検索＆発見」アイコンを**タップ**し、

2 上部にある検索ボックスを**タップ**します。

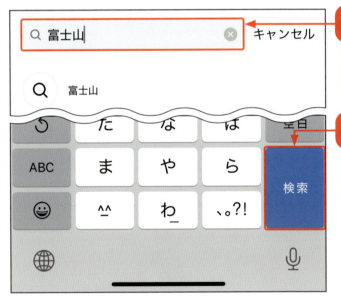

3 検索ボックスにキーワードを**入力**し、

4 キーボードの「検索」を**タップ**します。

5 検索結果が表示されます。「アカウント」タブを**タップ**するとアカウント名で絞り込めます。

フォローとフォロワーについて知ろう

インスタグラムをはじめて使う人は、「フォロー」と「フォロワー」の意味を混同してしまうかもしれません。その違いを説明します。

フォロー・フォロワーって何？

他のユーザーの投稿をいつでも見られるように登録することを「フォローする」と言います。一方、自分のことをフォローしてくれるアカウントを「フォロワー」と言います。

「フォロー」：自分が相手を登録すること

「フォロワー」：自分を登録してくれたアカウントのこと

フォローするとできるようになること

フォローしたアカウントの投稿が、自分のフィード画面（Sec.11参照）に表示されて閲覧できるようになります。また、フォローしたアカウントがストーリーズ（Sec.20参照）を投稿すると、フィード画面上部にそのアカウントのアイコンが表示されるようになります。

1 フォローしたアカウントの投稿がフィード画面に表示されます。

2 フォローしたアカウントがストーリーズを投稿すると、フィード画面の上部にアイコンが表示されます。

お気に入りのアカウントをフォローしよう

お気に入りのアカウントをフォローしてみましょう。そのアカウントの新しい投稿が自分の「フィード」画面に表示されるようになります。

フォローしたアカウントはどこでわかる？

画面右下の ⓐ を **タップ** し、自分のプロフィール画面を表示すると、上部に「フォロワー」と「フォロー中」があります。数字はフォロワーとフォローしているアカウントの数です。**タップ** すると一覧で表示されます。

自分のプロフィール画面で「フォロワー」と「フォロー中」の人数を確認できます。

「フォロワー」または「フォロー中」を **タップ** すると一覧が表示されます。

第2章 投稿を見てみよう

プロフィール画面でフォローする

1 フィードに表示された投稿のアカウント名を**タップ**します。

ポイント
手順**1**で「フォロー」を**タップ**してもフォローできます。

2 相手のプロフィール画面が表示されるので「フォロー」を**タップ**します。

3 フォローしました。「フォロー」が「フォロー中」へと変わりました。

ポイント
フォローを解除する場合は、「フォロー中」を**タップ**し、「フォローをやめる」を**タップ**します。

投稿に「いいね！」をつけよう

共感した投稿にハートマークの「いいね！」をつけることができます。ユーザーによっては、「いいね！」のお返しをしてくれる場合もあります。

どんなときに「いいね！」をつける？

投稿を見て「素敵だなぁ」と思ったら「いいね！」をつけるのがよいでしょう。「ペットが亡くなった」「病気になった」のような悲しい内容に対して「いいね！」することも可能ですが、あえてつけない人もいます。また、自分がフォローしていないアカウントの投稿にも「いいね！」することができます。

「いいね！」をつける

1. 投稿の下にある「ハート」のマークをタップします。

2. 赤いハートになり、「いいね！」をつけることができました。

ポイント
再度「ハート」のマークをタップすると「いいね！」を取り消すことができます。

第2章 投稿を見てみよう

「いいね！」をつけた投稿を確認しよう

「いいね！」をつけた投稿を後から見返したくなるときもあるでしょう。「設定とアクティビティ」の「いいね！」一覧から探すと見つけやすいです。

「いいね！」した投稿はどこで確認できる？

「いいね！」をつけた一覧は、「設定とアクティビティ」という画面から表示します。「設定とアクティビティ」画面は、プロフィール画面の右上にある ≡ を**タップ**して表示される画面のことです。

はじめての人には難しい画面に見えるでしょうが、順番に**タップ**していくとたどり着けます。ゆっくり操作しましょう。

> プロフィール画面右上の ≡ を**タップ**して「設定とアクティビティ」画面を表示します。

「いいね！」をつけた投稿を表示する

1 画面右下の◎をタップ👆してプロフィール画面を表示し、右上の☰をタップ👆します。

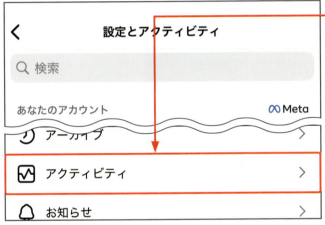

2 「アクティビティ」をタップ👆します。

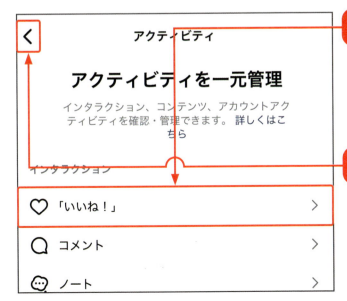

3 「いいね！」をタップ👆すると一覧が表示されます。

4 確認したら左上の「＜」(Androidの場合は「←」)をタップ👆して戻ります。

18 投稿を保存しよう

後で見たい投稿は「保存」をしておくと便利です。料理のレシピやハウツーなどは見返す機会が多いので「保存」するのがおすすめです。

第2章 投稿を見てみよう

「保存する」ってどういうこと？

インスタグラムの写真や動画を保存しておき、後で見ることができるのが「保存」です。ただし、スマホに保存するのではありません。インスタグラム上での保存なので、お気に入りとして登録するようなイメージです。もし、投稿が削除された場合は閲覧できなくなります。

インスタグラム上で保存することができます。

投稿を保存する

1. 投稿の下部にある「保存」ボタンをタップ👆します。

2. 「保存」ボタンの色が変わり、保存できました。

ポイント

手順2で再度「保存」ボタンをタップ👆すると、保存を取り消せます。

19 保存した投稿を見よう

「保存した料理レシピを見たい」「保存したお店の情報を見たい」というとき、「設定とアクティビティ」の「保存済み」からすぐにアクセスできます。

「いいね！」と「保存」の違いは？

「いいね！」も「保存」も、後から見たい時に役立つ機能ですが、「いいね！」したことは相手に通知されるのに対し、「保存」は通知されません。また、「保存」した投稿は「コレクション」というグループでまとめることができます。
たとえば、「空」というコレクションを作成し、空に関する投稿を入れておけば探すのが楽になります。

保存した投稿を、コレクションでまとめることができます。

第2章 投稿を見てみよう

58

保存した投稿を確認する

1 「プロフィール」画面の ≡ を**タップ**し、

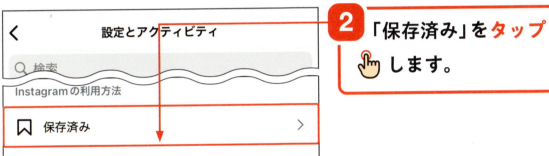

2 「保存済み」を**タップ**します。

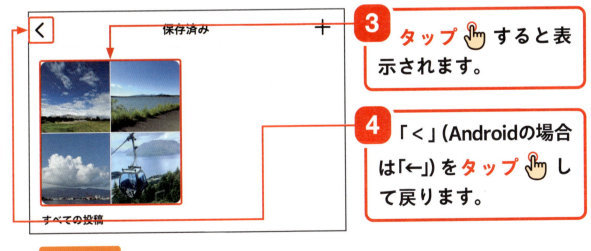

3 **タップ**すると表示されます。

4 「＜」(Androidの場合は「←」)を**タップ**して戻ります。

ポイント
手順3の画面右上の「＋」を**タップ**するとコレクションを作成でき、「保存」ボタンを**タップ**すると、コレクションを選択できるようになります。

ストーリーズを見よう

インスタグラムには24時間限定で公開される「ストーリーズ」という特殊な投稿機能があります。どのようなものなのかを理解しましょう。

第2章 投稿を見てみよう

ストーリーズって何？

インスタグラムには、通常の投稿とは別に「ストーリーズ」という投稿があります。ストーリーズの投稿は24時間後に自動的に消えるのが特徴です。そのため、気兼ねなく投稿できます。また、投稿が連なって一つの連続したストーリーのように見えるのも特徴的です。

2回目以降の投稿が連続して表示されます。

60

フォローしているアカウントのストーリーズを見る

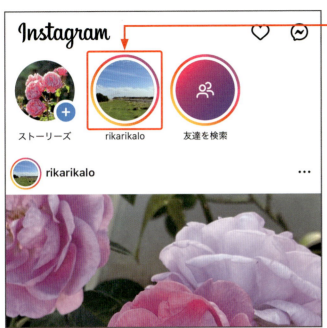

1 フィード画面の上部にあるアイコンをタップ👆します。

> **ポイント**
> フォローしているアカウントがストーリーズを投稿すると、フィード画面上部にアイコンが表示されます。何も表示されない場合は、すべてのストーリーズを視聴済み、もしくはストーリーズが投稿されていないということです。

2 ストーリーズが表示されます。

> **ポイント**
> ストーリーズにも「いいね！」をつけたり、メッセージを送ることができます。

第2章 投稿を見てみよう

プロフィール画面からストーリーズを見る

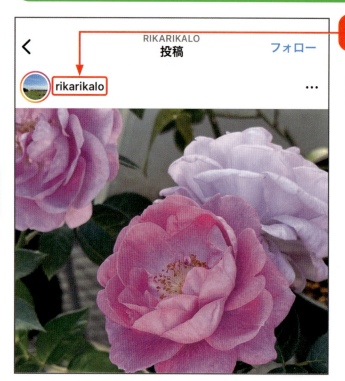

1 アカウント名を**タップ**します。

2 そのアカウントのプロフィール画面が表示されます。画面のようにアイコンが丸で囲まれている場合はストーリーズが投稿されています。

3 アイコンをタップします。

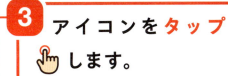

> **ポイント**
>
> まだ見ていないストーリーズは赤い丸で囲まれ、すべて見終わると白い丸に変わります。

4 ストーリーズが表示されます。

リールを見よう

最近は短尺のショート動画が人気です。インスタグラムにも「リール」というショート動画があり、たくさん投稿されています。

リールって何？

「リール」はインスタグラムのショート動画（短尺の動画）のことです。最大90秒の動画で、写真と同じように「いいね！」やコメントをつけることができます。「フィード」画面や「検索＆発見」画面、ユーザーの「プロフィール」画面から視聴することが可能です。

インスタグラムのショート動画である「リール」

フィード画面のリールを視聴する

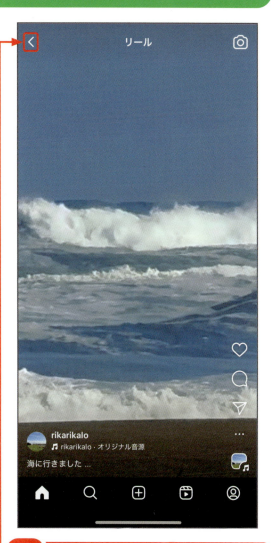

第2章 投稿を見てみよう

1 フィード画面にあるリールを**タップ**します。

2 画面いっぱいにリールが表示されます。

3 「＜」（Androidの場合は「←」）を**タップ**して戻ります。

ポイント
フィード画面でリールを視聴する場合は、右下の（「音声」アイコン）を**タップ**すると音声が流れます。

65

「検索＆発見」動画のリールを視聴する

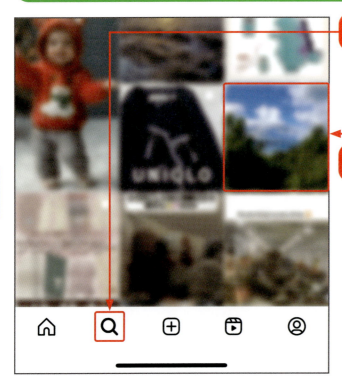

1 「検索＆発見」アイコンを**タップ**します。

2 縦長または「リール」のアイコンが付いている投稿を**タップ**します。

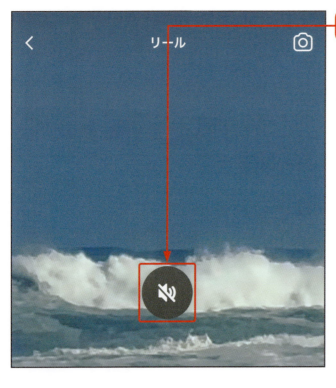

3 リールが再生されます。画面上を**タップ**すると再生を停止できます。

> **ポイント**
> もう一度画面上を**タップ**すると再開できます。

プロフィール画面からリールを見る

1 ユーザーのプロフィール画面で「リール」タブをタップします。

2 動画をタップすると視聴できます。

投稿やリールにコメントしよう

他のユーザーの投稿にコメントすることで交流が深まります。また、間違えてコメントした場合の削除方法も覚えておきましょう。

第2章 投稿を見てみよう

どの投稿にもコメントできるの？

投稿によっては、コメントがつけられないように設定されている場合もあります。通常は、投稿に「吹き出し」のアイコンが表示されていますが、コメントできないように投稿者が設定している場合は「吹き出し」が表示されません。

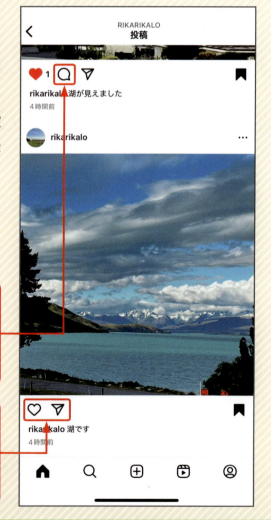

「吹き出し」のアイコンがあるのでコメントできます。

「吹き出し」のアイコンがない場合はコメントできません。

投稿にコメントをつける

1 投稿の下にある「コメント」ボタン（吹き出しの形）を**タップ**します。

2 コメントを**入力**し、

3 「送信」ボタンを**タップ**します。

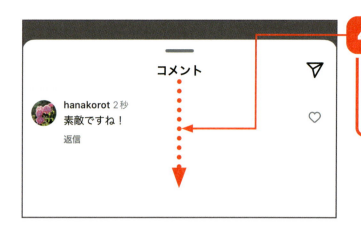

4 コメントをつけました。下方向に**スワイプ**します。

コメントを削除する

1 「コメント」ボタンを**タップ**します。

> **ポイント**
> 自分のつけたコメントのみ削除できます。

2 削除するコメントを**長押し**して、

3 「削除」を**タップ**するとコメントが削除されます。

写真を投稿してみよう

この章でできること

- 写真を投稿する
- 写真を加工する
- 投稿を修正する
- 投稿を下書き保存する
- 投稿を削除する

写真を投稿しよう

他のユーザーの投稿を見ることに慣れてきたら、自分でも投稿してみましょう。ペットの写真や旅行の写真など、自由に投稿できます。

どんな写真を投稿できる？

投稿できるのは、写真の横と縦の比率（アスペクト比）が1.91:1（横長）から4:5（縦長）の範囲内で、1080ピクセル（画像を構成する最小単位）以上です。

また、1つの投稿に入れられる写真は20枚までで、動画を入れることも可能です。なお、動画を1つのみ選択した場合は、Sec.21で解説したリール動画になります。

1つの投稿に複数枚の写真を入れることができ、動画も選択できます。

写真を投稿する

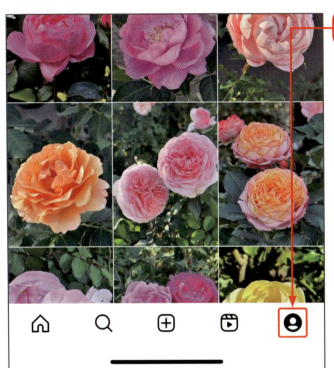

1. 画面右下の◎をタップ🫳します。

ポイント
手順1の◎は、タップ🫳すると黒背景のアイコンになります。また、複数のインスタアカウントを使用している場合は、アイコンにプロフィール画像が表示されます。

2. 画面上部の「＋」をタップ🫳し、

3. 「投稿」をタップ🫳します。

ポイント
画面下部の「＋」アイコンからも投稿できますが、プロフィール画面からの方が「投稿」や「ストーリーズ」を選択しやすいのでおすすめです。

第3章 写真を投稿してみよう

73

4 「次へ」を タップ します。

5 はじめて投稿する場合、メッセージが表示されるので、「フルアクセスを許可」（Androidは「すべて許可」）を タップ します。

6 投稿する写真を タップ し、

7 「次へ」を タップ します。

ポイント

ここでは1枚の写真を選択しますが、複数枚の写真や動画を投稿する場合は手順6の画面にある◳を タップ して選択します。

8 「次へ」を**タップ**します。メッセージが表示された場合は「OK」をクリックします。

9 「キャプションを追加…」を**タップ**します。

第3章 写真を投稿してみよう

75

10 説明文を入力します。

11 「改行」キーを押して半角の「#」を入力します。

> **ポイント**
>
> 「#」とキーワードを組み合わせて入力すると、その投稿を見たユーザーはタップすることで同じキーワードを含む他の投稿を閲覧できます。これを「ハッシュタグ」と言います。Sec.46でも説明します。

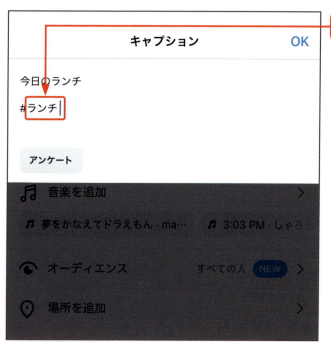

12 キーワードを入力します。

13 候補一覧から選択し、タップ🫵します。

14 「OK」をタップ🫵します。

ポイント

手順**13**で候補一覧に目的のキーワードがない場合は、入力後そのまま「OK」をタップ🫵します。

15 「シェア」をタップ🫵すると投稿が公開されます。

24 投稿に音楽を入れよう

投稿する写真に音楽を入れることもできます。写真にピッタリの音楽を選んで雰囲気や感情を表してみましょう。

投稿する写真に音楽を入れられるの？

プロフィールの投稿一覧やフィード画面に表示される投稿は、音楽が自動的に流れないため、気づかない人もいるかもしれません。実は、投稿に音楽を入れることができます。
たとえば、自然の風景の写真には癒しの音楽を、動きを見せたい写真にはノリのよい音楽など、工夫次第で表現の幅が広がります。

> 音楽が含まれる投稿の右下には「音声」アイコンが表示されています。写真を**タップ**すると再生されます。

音楽を追加する

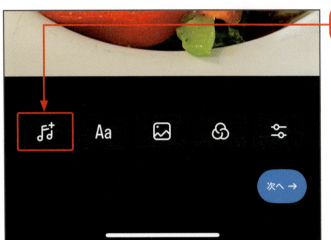

1. Sec.23の手順 8 で 🎵 を **タップ** します。

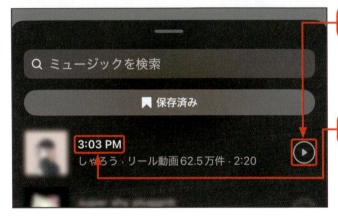

2. 「再生」ボタンを **タップ** して試聴します。

3. 気に入ったら楽曲名を **タップ** します。

4. バーを **ドラッグ** して使いたい部分を選択し、

5. 「完了」を **タップ** します。

写真を加工しよう

「暗く写ってしまった」「少し傾いてしまった」という写真でも「インスタ」アプリで編集して、見映えよく加工することができます。

インスタグラム上で写真の編集ができるの？

撮影した写真をそのまま載せてもかまいませんが、インスタグラムに投稿されているきれいな写真の多くは編集してから投稿されています。専用の写真編集アプリを使わなくても、簡単な編集なら「インスタ」アプリ上でも可能です。

暗く写ってしまった写真 → インスタグラム上で補正できます。

明るさを調整する

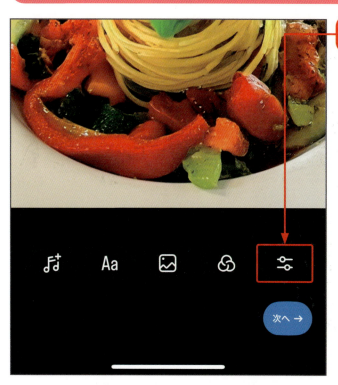

1 Sec.23の手順8で、⚙をタップします。

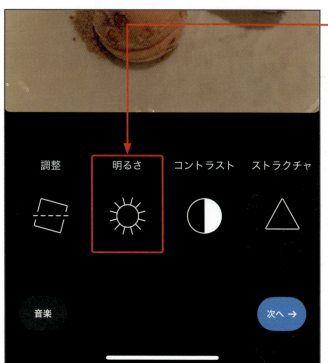

2 「明るさ」をタップします。

ポイント

明るさ以外にも、明暗差を調整できる「コントラスト」や鮮やかさを調整できる「彩度」も調整すると見映えの良い写真になります。

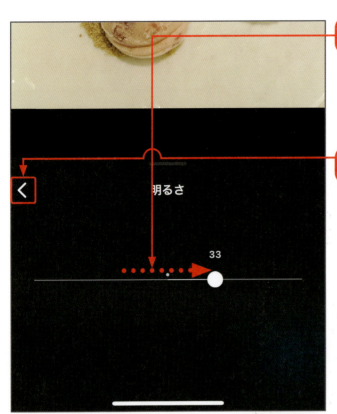

3 スライダーを**ドラッグ**して明るさを調整し、

4 「<」を**タップ**します。

> **ポイント**
> 手順**3**では、明るさの度合いを調整することが可能です。右に**ドラッグ**すると明るく、左に**ドラッグ**すると暗くなります。

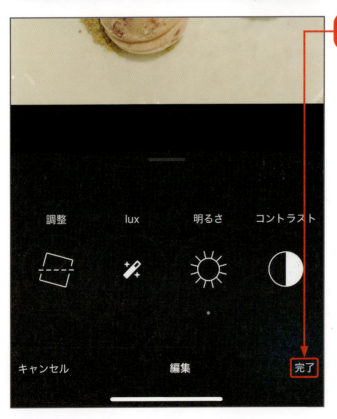

5 「完了」を**タップ**して投稿します。

傾いている写真をまっすぐにする

1 P.81手順2の画面で「調整」をタップします。

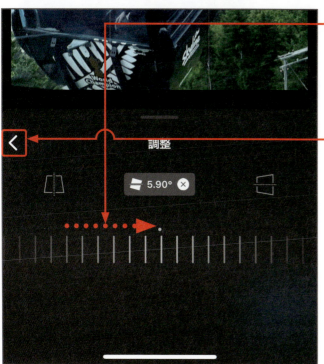

2 スライダーをドラッグして調整し、

3 「<」をタップします。

ポイント

または をタップしてスライダーをドラッグすると、写真のゆがみを補正することが可能です。

フィルターで見た目の良い写真にしよう

写真の見た目が良くないと感じたら、「フィルター」機能を試してみましょう。簡単にスタイリッシュな雰囲気の写真にすることができます。

フィルターは使った方がいいの？

「フィルター」とは、写真の色調や明るさを簡単に変えられる機能のことです。見た目を変えたいときに役立ちます。ただし、アート作品や植物の場合は、フィルターによって本来の色や質感が変わることがあるため使いどころに注意してください。

フィルターを設定すると本来の色と異なる色になることがあります。

フィルターを設定する

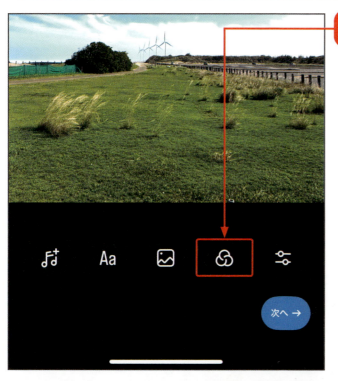

1 Sec.23の手順8で をタップ します。

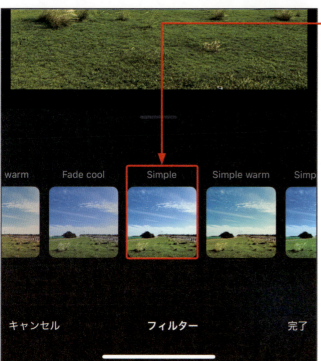

2 使いたいフィルターをタップ します。ここでは「Simple」をタップ します。

> **ポイント**
> さまざまなフィルターが用意されています。好みのフィルターを選択しましょう。

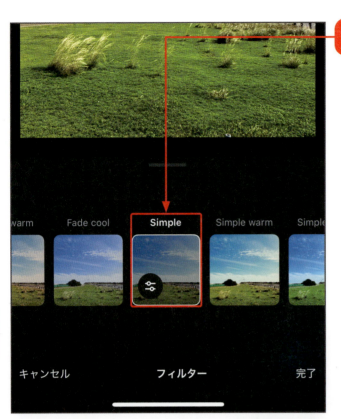

3 選択したフィルターを再度**タップ**します。

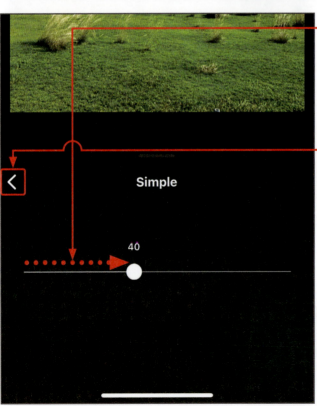

4 スライダーを**ドラッグ**してフィルターの度合いを調整し、

5 「<」を**タップ**します。

> **ポイント**
>
> フィルターをそのまま設定すると強すぎる場合があるので、再度**タップ**して度合いを調整してください。

6 「完了」をタップします。

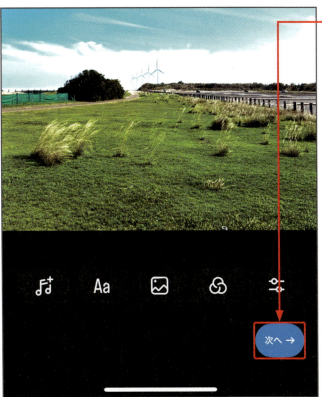

7 「次へ」をタップして投稿します。

ポイント

フィルターを設定する前の状態に戻したいときは、手順**3**で「Normal」を選択します。

27 自分が投稿した写真を確認しよう

自分の投稿を後から確認したり、修正が必要になったりすることもあります。投稿した写真は「プロフィール」画面から確認できます。

投稿した写真はどこに表示される？

自分が投稿した写真もフィード画面に表示されます。フィード画面に表示されるのは一時的なので、後から見たい場合は「プロフィール」画面から表示しましょう。

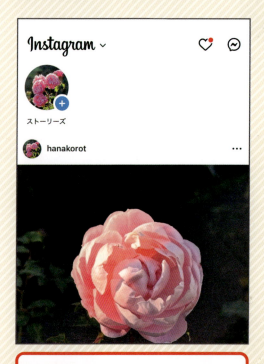

投稿直後にフィードに表示されます。

「プロフィール」画面からも確認できます。

投稿した写真を確認する

1 画面右下の ⓞ を タップ👆 します。

2 「投稿」タブにある写真をタップ👆 して表示できます。

ポイント
Sec.21で紹介したリールを投稿していると「リール」タブも表示されます。

投稿を修正しよう

「投稿の説明文を間違えた」「ハッシュタグをつけ忘れた」といった場合でもテキストを修正することができます。ただし、写真は変更できません。

公開した投稿を修正できるの？

投稿を公開した後でも、説明文の修正やハッシュタグ（Sec.46参照）の追加ができます。ただし、写真の入れ替えや追加はできません。後から写真を編集したい場合はいったん投稿を削除して再投稿することになります。

○ 説明文やハッシュタグの修正はできます。

× 写真の差し替えや追加、音楽の変更はできません。

投稿のテキストを修正する

1 画面右下の 👤 を タップ 👆 します。

2 修正する投稿をタップ 👆 します。

> **ポイント**
> ここでは通常の投稿を修正しますが、4章で説明するリールも同様に修正できます。

3 写真の右上にある … アイコンを**タップ**します。

第3章 写真を投稿してみよう

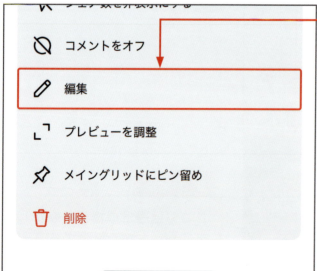

4 「編集」を**タップ**します。

ポイント

手順**4**にある「メイングリッドにピン留め」を**タップ**すると、投稿一覧の先頭に固定表示することができます。

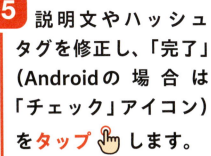

5 説明文やハッシュタグを修正し、「完了」（Androidの場合は「チェック」アイコン）を **タップ** します。

ポイント
投稿を編集してもフィードには表示されません。プロフィール画面も元の位置にそのまま表示されます。

6 投稿の内容が修正されました。

第3章 写真を投稿してみよう

投稿を中断して後で公開しよう

「音楽をすぐに決められない」など後から投稿したいときは、投稿を下書きとして保存しておきましょう。保存したところから再開できます。

下書きとは？

写真の編集や説明を入力した後に「＜」を**タップ**して戻り、「×」を**タップ**すると、「破棄」か「下書きを保存」を選択するメッセージが表示されます。「下書きを保存」を**タップ**すると、いったん下書きとして保存しておくことが可能です。

説明文などを入力、編集した後、「＜」を**タップ**して戻ります。

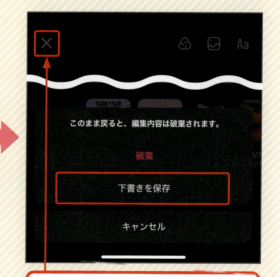

「×」を**タップ**すると「下書きを保存」を選択できます。

下書き保存した投稿の編集を再開する

1 Sec.23の手順6で、「下書き」をタップします。

ポイント
下書き保存した投稿があると、手順1の画面に「下書き」が表示されます。

2 下書きした投稿があるのでタップします。編集して公開します。

ポイント
下書きを削除したい場合は、手順2の右上にある「選択」をタップし、写真をタップして「削除」をタップします。

# 投稿を削除しよう

「投稿するつもりのない写真を誤って追加した」場合や「同じ写真を間違えて投稿してしまった」という場合、いつでも投稿を削除することができます。

投稿は削除していいの？

投稿はいつでも削除できます。ただし、頻繁に削除を繰り返すと、フォロワーが疑問に思うかもしれません。間違えて投稿した場合やどうしても削除が必要な場合のみ削除するのが良いでしょう。

なお、削除できるのは自分の投稿のみです。

いつでも投稿を削除することができます。

投稿を削除する

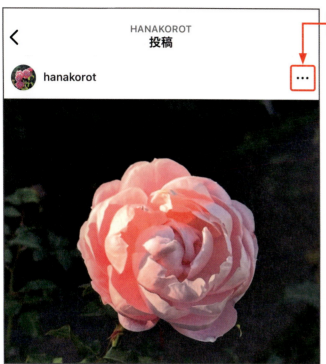

1 自分の投稿の右上にある … を **タップ** します。

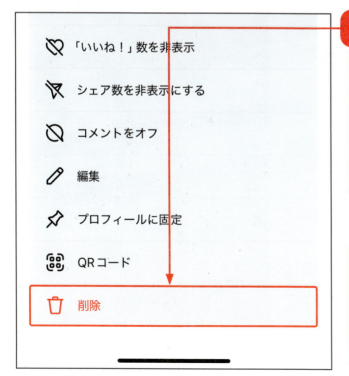

2 **スワイプ** し、最下部の「削除」を **タップ** します。メッセージが表示されたら「削除」を **タップ** します。

ポイント

削除を実行する前に、確認のメッセージが表示されます。削除を中止したい場合は、手順2で「キャンセル」を **タップ** してください。

第3章 写真を投稿してみよう

97

削除した投稿を元に戻そう

投稿を削除したけれども、後から「削除しなければよかった」と思うときもあるかもしれません。削除後、30日以内なら元に戻すことができます。

削除した投稿は元に戻せる？

削除した投稿は30日以内なら復元できます。30日を過ぎると、せっかく編集して作成した投稿が完全に消えてしまうので、残したい投稿はその前に復元しましょう。

削除した投稿は「最近削除済み」から確認できます。

削除した投稿を元に戻す

1 画面右下の 👤 をタップし、

2 画面右上にある ☰ をタップします。

3 「アクティビティ」をタップします。

ポイント

「設定とアクティビティ」の画面では、さまざまな設定がありますが、必要なものだけ覚えれば大丈夫です。

4 「最近削除済み」をタップ👆します。

5 復元したい写真をタップ👆します。

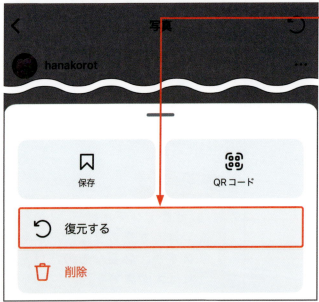

6 …をタップ👆し、「復元する」をタップ👆します。

7 メッセージが表示されたら「復元する」をタップ👆します。

ストーリーズや リールを 投稿してみよう

この章でできること

- ストーリーズとリールの違いを理解する
- ストーリーズを投稿する
- ストーリーズの閲覧者を確認する
- リール動画を投稿する
- リール動画を削除する

32 ストーリーズとリールの違い

インスタグラムには、通常の投稿以外に「ストーリーズ」と「リール」があります。どちらも動画を投稿できますがそれぞれに特徴があります。

ストーリーズとリールは何が違う？

「ストーリーズ」は、24時間後に自動的に消える投稿のことで、写真と動画を投稿できます。フィード画面やプロフィール画面には表示されず、「プロフィール」アイコンを**タップ**して閲覧します。

一方、「リール」は最大90秒のショート動画のことで、フィード画面や「プロフィール」画面に表示されます。

ストーリーズは、自分のプロフィールアイコンを**タップ**して閲覧できます。

リールは、プロフィール画面の一覧に表示されます。

ストーリーズとリールの使い分け

「ストーリーズ」は24時間で消えるため、日常の出来事や思いつきを発信するのに最適です。また、イベントの告知やアンケートなどにも使われます。一方、「リール」は検索画面に表示され、長期間にわたって視聴される可能性があります。そのため、料理やメイクのハウツー（使い方）動画や、ホテルやレストランの紹介など、お役立ち情報を提供するのに適しています。

ストーリーズはお知らせなどの用途にもよく使われます。

リールはハウツー動画やさまざまな情報の紹介に適しています。

ストーリーズで動画を投稿しよう

ストーリーズの投稿は難しいと思われていますが、実は簡単にできます。お手軽な方法で解説しますのでぜひチャレンジしてください。

ストーリーズを投稿する際の注意点

ストーリーズは、公開後24時間で消えるため、気軽に投稿できるのが魅力ですが、他の投稿と同様に不用意な投稿はしないようしましょう。たとえば、自宅の住所が写り込んでいる、車のナンバーが見えるなど、意図せず不特定多数の人に個人情報が公開されるリスクがあります。投稿前に内容をよく確認しましょう。また、写真や動画に入れる音楽が著作権を侵害していないかも投稿前に確認しましょう。ストーリーズ内で音楽を選択すると安心です。

個人情報が映り込んでいないかを確認しましょう。

ストーリーズで動画を投稿する

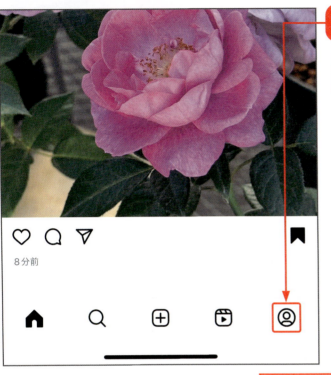

1. 画面右下の 👤 を**タップ**👆します。

2. 「＋」を**タップ**👆します。

ポイント

プロフィール画面左上にある自分のアイコンの「＋」を**タップ**👆しても投稿できます。ただし、2つ目のストーリーズを投稿するときにアイコンを**タップ**👆すると1つ目のストーリーズが再生されてしまうため、解説の方法がおすすめです。

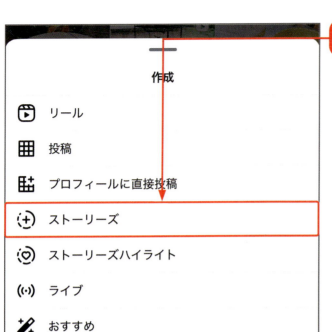

3 「ストーリーズ」を**タップ**します。

4 動画を**タップ**します。右下に時間が表示されているのが動画です。

ポイント

ここでは動画を投稿しますが、写真を選択することもできます。また、その場で撮影する場合は、手順**4**で◎を**タップ**し、「撮影」ボタンを**タップ**して撮影できます。

5 「ストーリーズ」を**タップ**します。

> **ポイント**
> 文字や音楽を入れる方法は、リールとほぼ同じです。Sec.39とSec.40を参照してください。

6 「プロフィール」画面のプロフィールアイコンが赤い丸で囲まれます。

> **ポイント**
> アップロードが完了し赤い丸で囲まれるまで「インスタ」アプリを閉じないようにしましょう。

第4章 ストーリーズやリールを投稿してみよう

投稿したストーリーズを確認しよう

ストーリーズを投稿したら、公開されているか確認しましょう。間違えて別の動画を投稿していないかもあわせて確認してください。

ストーリーズを確認する方法

自分が投稿したストーリーズを確認するには、フィード画面、またはプロフィール画面にある自分のアイコンを**タップ**します。

ただし、ストーリーズは24時間を過ぎると見られなくなります。24時間経過後に確認する方法は、このセクションの手順3のポイントを参照してください。

投稿の公開後、24時間以内であればアイコンを**タップ**して見られます。

自分のストーリーズを確認する

1. 👤 を **タップ** し、

2. 自分のプロフィールアイコンを **タップ** します。

ポイント
アイコンが赤い丸、または白い丸で囲まれていない場合は、ストーリーズが投稿されていないので見ることができません。

3. 投稿したストーリーズが表示されます。

ポイント
24時間経過したストーリーズは、「プロフィール」画面右上にある ≡ →「アーカイブ」を **タップ** し、上部にある ⌄ を **タップ** して「ストーリーズアーカイブ」を選択すると一覧表示されます。

35 ストーリーズを見た アカウントを確認しよう

自分の投稿を誰が見てくれるのか気になるときもあるでしょう。ストーリーズの場合は、閲覧したアカウントを確認できる仕組みになっています。

ストーリーズを見たアカウントがわかるの？

通常の投稿やリールは誰が閲覧したかは分かりませんが、ストーリーズでは閲覧者を確認できます。逆に他のユーザーのストーリーズを見た場合も、閲覧したことが相手に知られることは覚えておきましょう。

自分のストーリーズを見たアカウントを確認できます。

ストーリーズを閲覧したアカウントを確認する

1 ストーリーズを再生します（Sec.34参照）。閲覧者がいると左下に「アクティビティ」アイコンが表示されます。**タップ**します。

ポイント
閲覧者がいる場合は、「アクティビティ」が表示され、直近の閲覧者のアイコンが表示されます。

2 閲覧者の一覧が表示されます。

ポイント
複数のストーリーズを投稿している場合は、ストーリーズごとに誰が閲覧したのか確認できます。

ストーリーズの コメントに返信しよう

ストーリーズにもコメントできます。通常の投稿のようにコメントがつくことは少ないですが、返信する方法を覚えておきましょう。

ストーリーズのコメントはどこで読めるの？

通常の投稿のコメントは投稿の下部に表示されますが、ストーリーズについたコメントは、ダイレクトメッセージ（Sec.43参照）に届きます。コメントがつくと、フィード画面右上の「メッセージ」ボタン（Sec.07参照）に数字が表示されます。

ストーリーズのコメントはダイレクトメッセージに表示されます。

ストーリーズのコメントに返信する

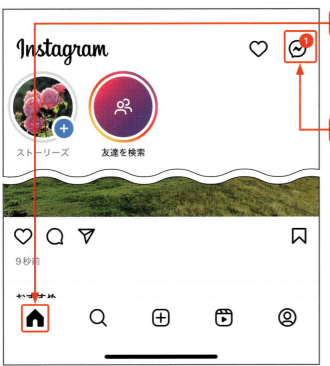

1 「フィード」アイコンを**タップ**し、

2 右上の「メッセージ」ボタンを**タップ**します。

> **ポイント**
> ダイレクトメッセージの使い方は、Sec.43で説明します。

3 メッセージを**タップ**します。

> **ポイント**
> 太字になっているのが未読のメッセージです。

4 入力ボックスをタップします。

5 テキストを入力し、

6 「送信」ボタンをタップします。

> **ポイント**
> メッセージには、画面のように絵文字を入力することも可能です。

7 返信しました。「＜」(Androidは「←」)をタップ🫳します。

ポイント

入力ボックスの右端にある😊アイコンをタップ🫳すると、動きのあるイラストを送信できます。

8 「＜」(Androidは「←」)をタップ🫳します。

第4章 ストーリーズやリールを投稿してみよう

115

ストーリーズをまとめよう

ストーリーズは投稿から24時間が経つと消えてしまいます。「ハイライト」という機能を使うとプロフィール画面に公開したままにできます。

ハイライトとは？

「ハイライト」は、通常24時間で消えてしまうストーリーズをプロフィール画面に表示できる機能です。また、ストーリーズをテーマ別に整理して表示させることができます。

たとえば、「スイーツ」という名前のハイライトを作成し、その中に「スイーツ」に関するストーリーズを追加します。

プロフィール画面にハイライトとしてストーリーズを掲載できます。

ハイライトを作成する

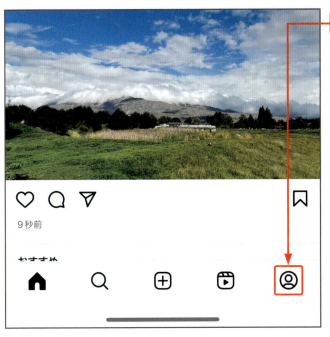

1 ◎ を **タップ** します。

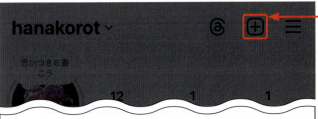

2 画面右上の「＋」を **タップ** し、

3 「ストーリーズハイライト」を **タップ** します。

> **ポイント**
>
> ストーリーズを開いているときに、画面下部にある「その他」を **タップ** し、「ハイライト」を **タップ** してハイライトにすることも可能です。

第4章 ストーリーズやリールを投稿してみよう

4 ハイライトにするストーリーズをタップ🖐してチェックを付け、

5 「次へ」をタップ🖐します。

6 ハイライトに付ける名前を入力🖐します。ここでは「スイーツ」と入力🖐しています。

> **ポイント**
> ハイライトの名前は自由に付けられます。分類しやすいようにわかりやすい名前を入力してください。

7 「追加」を タップ します。

8 「プロフィール」画面にハイライトのアイコンが追加されました。タップ すると見ることができます。

ポイント

ハイライトを表示し、左下にある「アクティビティ」をタップすると閲覧者がわかります。ただし、確認できるのは24時間以内に閲覧したユーザーのみです。

リールで動画を投稿しよう

Sec.21でリールの視聴方法を説明しましたが、リールの投稿にもチャレンジしてみましょう。

リールとは？

「リール」は、インスタグラムのショート動画です。最長90秒までの動画を投稿できます。「インスタ」アプリ上で音楽や文字の追加、エフェクトの設定などの編集が可能です。

フィード画面だけでなく、「検索＆発見」画面にも表示される場合があり、ハッシュタグ（Sec.46参照）や音源からも視聴される可能性があります。

リールの投稿は簡単にできます。

リール動画を投稿する

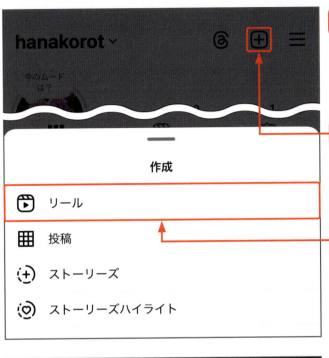

1. 画面右下の◎をタップ🖐します。
2. 画面右上の「＋」をタップ🖐して、
3. 「リール」をタップ🖐します。

4. 投稿したい動画をタップ🖐し、
5. 「次へ」をタップ🖐します。

> **ポイント**
> その場で撮影する場合は、手順4で◎をタップ🖐し、「撮影」ボタンをタップ🖐して撮影してください。

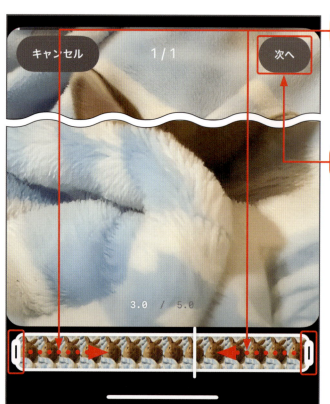

6 バーの両端を**ドラッグ**して、公開する場面だけにします。

7 「次へ」を**タップ**します。

8 「次へ」を**タップ**します。

ポイント

手順8の下部のボタンでリール内に文字や音楽を追加できます（Sec.39、40参照）。

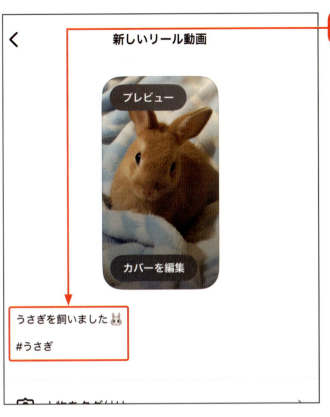

9 Sec.23の手順**10**と手順**11**と同様に、説明文とハッシュタグを**入力**し、

> **ポイント**
> 「カバーを編集」を**タップ**すると、表紙となる画面を選択することが可能です。

10 「シェア」を**タップ**します。

> **ポイント**
> アップロードまでに時間がかかる場合もあります。アップロードが完了するまで「インスタ」アプリを閉じないでください。

第4章 ストーリーズやリールを投稿してみよう

123

リールに文字を入れよう

動画に文字を入れたいとき、動画編集ソフトを使わなくても「インスタ」アプリ上で文字入れができます。文字の色や位置も自由に編集できます。

第4章 ストーリーズやリールを投稿してみよう

リールに文字を入れる必要はあるの？

多くのユーザーが、フィード画面で次から次へと**スワイプ**します。そのため、投稿した動画を見てもらうためには冒頭の1、2秒にインパクトのあるシーンが必要です。
そこで文字が入っていると、立ち止まって見てもらえる可能性が高まります。また、音を消して見るユーザーのためにテロップのような文字を入れると親切です。

音を出せない環境にいる人にも動画の内容が伝わります。

リールに文字を追加する

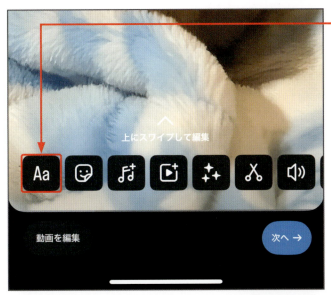

1 Sec.38の手順8で、Aaをタップします。

2 「色」アイコンをタップし、

3 横方向にドラッグして、

4 任意の色をタップします。

> **ポイント**
>
> 手順2でAaをタップすると、フォントの種類を選択することが可能です。

5 文字を**入力**します。

6 左端のスライダーを上下に**ドラッグ**して文字サイズを調整します。

> **ポイント**
> 文字以外を**タップ**すると、文字の選択が解除されます。再度文字を**タップ**すると続きを入力できます。

7 Aを**タップ**して、縁取りのパターンを選択します。

8 「完了」を**タップ**します。

> **ポイント**
>
> Aを**タップ**すると、文字の周囲に色を付けて文字を強調させることが可能です。**タップ**する度にパターンが変わります。ここでは文字に沿ってオレンジの縁取りを付けます。

9 文字を**ドラッグ**して位置を決めます。

> **ポイント**
>
> 追加したテキストを削除したい場合、手順9で**ドラッグ**すると最下部に表示される「ゴミ箱」アイコンの中に**ドラッグ**します。

リールに音楽を入れよう

音楽が入っている動画とそうでない動画では、視聴回数に違いが出ます。音楽がある方が見てもらいやすいので、なるべく入れましょう。

第4章 ストーリーズやリールを投稿してみよう

勝手に音楽を入れていいの？

他者の音楽を無断で動画に入れて投稿すると、著作権法違反になります。それを避けるために、インスタグラムで用意されている音楽を使いましょう。

インスタグラムは、日本の音楽著作権を管理しているJASRACと利用許諾契約を締結しているため、インスタグラム内で用意されている音楽であれば安心して使用できます。

「インスタ」アプリ上で用意されている音楽であれば許諾無しで使用できます。

リールに音楽を追加する

1 Sec.38の手順8で、🎵をタップ👆します。

2 タップ👆すると音楽を試聴できます。

ポイント
手順2の上部にある検索ボックスに曲名を入力すると検索できます。

3 気に入った音楽を再度タップします。

ポイント

手順3で、音楽の右端にある「保存」アイコンをタップすると登録できます。保存した音楽は上部の「保存済み」から選択できます。

4 バーをドラッグし、使用する部分を選択します。

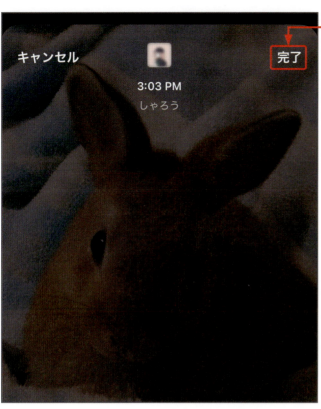

5 「完了」をタップ🫵します。

6 🔊（Androidは「動画を編集」をタップ🫵し⚙）をタップ🫵します。

> **ポイント**
> これは執筆時点（2025年3月）での操作方法です。インスタグラムは頻繁にアップデートされるため、画面が変更されることがあります。

第4章 ストーリーズやリールを投稿してみよう

7 「すべてのクリップの音声」のスライダーをドラッグ🖐️して一番左にします。

ポイント
ここでは動画に入っている雑音を消しています。動画に音声が含まれている場合は「すべてのクリップの音声」のスライダーで音量を調整してください。

8 音楽のスライダーをドラッグ🖐️して音量を調整します。

9 「完了」をタップ🖐️します。

ポイント
動画内に音声が含まれている場合は、音量を小さめにするのがおすすめです。

10 左上の ∧ を**タップ**します。

11 手順6の画面に戻ります。「次へ」を**タップ**して投稿します。

41 リールのテンプレートを使ってみよう

動画を編集して見映え良くしたいと思っても、はじめての人は難しいでしょう。そこで「テンプレート」の使用をおすすめします。

テンプレートとは？

「テンプレート」とは、見映えの良い動画を簡単に作成できるひな型のことです。撮影が得意ではなくても、テンプレートを使うとセンスの良い動画を簡単に作成することが可能です。動画や写真を選ぶだけなので、誰にでもできます。

テンプレートを元に動画を作成できます。

テンプレートを使ってリールを作成する

1 Sec.38の手順4で「テンプレート」を**タップ**します。

2 **タップ**すると動画が再生されるので、気に入ったテンプレートを**タップ**します。

ポイント

手順2の画面では、横に**スワイプ**してテンプレートを選べます。なお、テンプレートは定期的に更新されるため、解説のテンプレートとは異なる場合があります。

3 下部にあるクリップを**タップ**します。

ポイント
「クリップ」は、動画の場面（シーン）のことです。それぞれのクリップに動画や写真を追加すると、場面が切り替わる仕組みになっています。

4 動画または写真を**タップ**して、

5 「次へ」を**タップ**します。

ポイント
選択したテンプレートごとにクリップの数が異なります。指定された数の動画、または写真を追加しましょう。

6 すべて追加したら「次へ」をタップします。

ポイント
追加した動画の順序を入れ替えたい場合は、手順6の画面でクリップを長押しし、そのままドラッグして位置を移動させます。

7 文字が入っている場合はタップして修正します。

8 「次へ」をタップして公開します。

ポイント
テンプレートに含まれる音楽は変更できないので、そのまま使用してください。

42 リールを削除しよう

「間違えて動画を投稿した」「見せたくない場面を載せてしまった」というときのために、リールの削除方法も覚えておきましょう。

リールを削除するとどうなる？

通常の投稿と同じく、リールも削除することができます。また、リールも削除後30日以内なら復元することが可能です。
Sec.31の手順 5 で「リール」タブを **タップ** した一覧から復元します。30日を過ぎると元に戻せなくなるので気を付けてください。

削除したリールは「最近削除済み」画面の「リール」タブに移動します（Sec.31参照）。

リールを削除する

1. ⓒ を **タップ** し ます。

2. 「リール」タブを **タップ** し、

3. 削除する動画を **タップ** します。

4. … を **タップ** し ます。

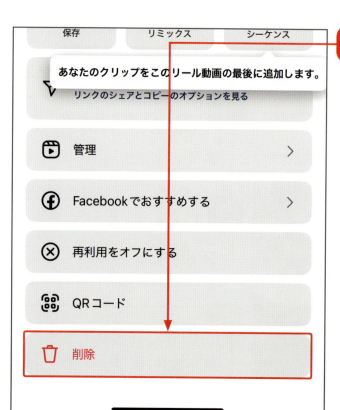

5「削除」を**タップ**します。

6「削除」を**タップ**します。

ポイント
削除したリールを復元する方法は、Sec.31を参照してください。

第5章

インスタグラムの上手な使い方を知ろう

この章でできること

- ダイレクトメッセージを送る
- 位置情報で検索する
- タグで検索する
- 写真撮影のコツを知る
- インスタライブの見方を知る

43 ダイレクトメッセージを送ってみよう

投稿についたコメントは、他のユーザーも閲覧できます。直接やり取りしたい場合はダイレクトメッセージを使いましょう。

第5章 インスタグラムの上手な使い方を知ろう

ダイレクトメッセージは誰にでも送れる？

「ダイレクトメッセージ」は、ユーザーに直接メッセージを送れる機能です。ただし、フォローしているアカウントにはすぐに送信できますが、フォローしていないアカウントに送った場合は、相手の「メッセージリクエスト」に入るため、読んでもらえない場合もあります。不審なアカウントからのメッセージを防ぐため、承認してからでないと読めない仕組みになっています。

フォローしていないアカウントに送ると、相手の「メッセージリクエスト」に入ります。

142

ダイレクトメッセージを送る

1 投稿者のアカウント名の部分（ここでは「rikarikalo」）を**タップ**します。

2 相手のプロフィール画面が表示されます。「メッセージ」を**タップ**します。

ポイント

ユーザーがメッセージを受け取れないように設定している場合は、「メッセージ」ボタンが表示されません。その場合、ダイレクトメッセージを送れません。

第5章 インスタグラムの上手な使い方を知ろう

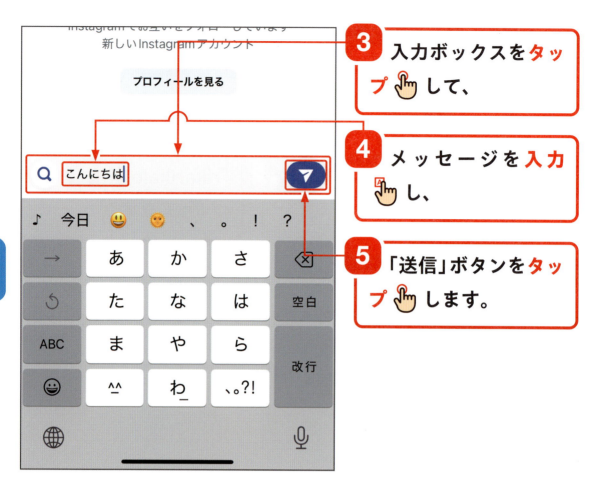

3 入力ボックスを**タップ**して、

4 メッセージを**入力**し、

5 「送信」ボタンを**タップ**します。

6 相手がメッセージを読むと「既読」と表示されます。

ポイント
入力ボックスの右端にある😀や🖼をタップすると、スタンプや画像を送信できます。

7 相手のメッセージを**長押し**します。

ポイント
メッセージを**長押し**すると、泣き笑いや怒りの顔などの絵文字（リアクション）を付けることが可能です。また、2回続けて**タップ**するとハートの絵文字が付きます。

8 絵文字のリアクションを付けられます。

ポイント
見知らぬアカウントからダイレクトメッセージが届く場合があります。勧誘や詐欺を目的とするユーザーもいるので十分注意してください。

第5章 インスタグラムの上手な使い方を知ろう

通知を確認しよう

スマホの通知設定をオンにし、インスタグラムの通知もオンにしている場合、さまざまな通知が届きます。通知を確認する方法を確認しましょう。

どんなときに通知が来るの？

誰かがフォローしてくれたときや「いいね！」やコメントをつけてくれたときに通知が届きます。また、「知り合いかもしれないアカウントの紹介」や「インスタグラムからのお知らせ」も届きます。

通知を確認する

1 「フィード」アイコンをタップし、

2 画面右上の「通知」アイコンをタップします。

ポイント
通知があると、画面右上のハートの「通知」アイコンに赤い丸が付きます。

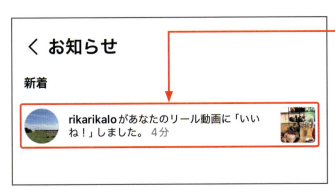

3 通知が表示されます。

位置情報で検索しよう

現在地の周辺にあるお店や観光施設などのスポットをインスタグラムで検索することができます。実際に訪れたユーザーの投稿も閲覧可能です。

位置情報とは？

位置情報とは、GPS（人工衛星を利用した位置情報システム）によって取得される現在地の情報です。スマホの設定で位置情報を有効にしていると、現在地の周辺にあるお店や観光施設などの投稿を見ることができます。

iPhoneの場合は、「設定」アプリの「プライバシーとセキュリティ」→「位置情報サービス」でオンにします。

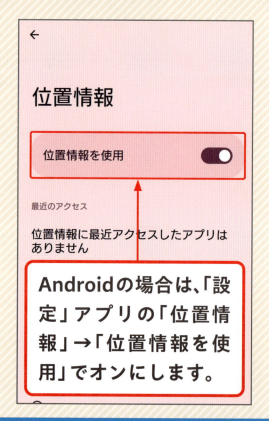

Androidの場合は、「設定」アプリの「位置情報」→「位置情報を使用」でオンにします。

位置情報で検索する

1 「検索＆発見」アイコンを**タップ**し、

2 右上の「位置情報」アイコンを**タップ**します。

3 気になるスポットのアイコンを**タップ**します。

ポイント
投稿がある場所にはアイコンが表示されます。**タップ**して投稿を見ることができます。

4 下部に表示されている場所名を上方向へ**スワイプ**します。

> **ポイント**
> 赤い丸で囲まれているアイコンは、ストーリーズです。閲覧したら「×」を**タップ**して閉じてください。

5 投稿一覧が表示されます。場所名を下方向に**スワイプ**して戻します。

6 地図上を**ドラッグ**すると他の地域が表示されます。

7 「このエリアを検索」を**タップ**します。

> **ポイント**
> 現在地に戻るには、地図の右上にある ◁（「位置情報」のアイコン）を**タップ**します。

8 近くのスポットのアイコンが表示されます。「＜」を**タップ**して戻ります。

46 タグで検索しよう

興味のある投稿をすばやく見つけたい場合は「タグ」を使った検索が便利です。タグの仕組みと一緒に使い方も覚えましょう。

タグとは？

半角の「#」（シャープ）とキーワードを組み合わせて入力すると、その投稿を見たユーザーは**タップ**することで同じキーワードを含む他の投稿を閲覧できます。この「#」とキーワードの組み合わせを「ハッシュタグ」もしくは「タグ」と言います。

投稿の説明欄にあるハッシュタグを**タップ**すると、同じハッシュタグが付いている投稿が表示されます。また、「発見＆検索」画面からタグで検索することも可能です。

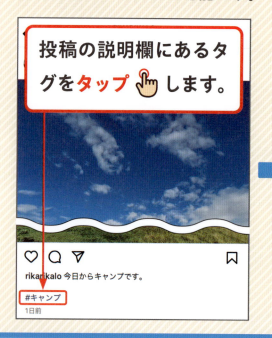

投稿の説明欄にあるタグを**タップ**します。

同じタグの投稿が一覧で表示されます。

第5章 インスタグラムの上手な使い方を知ろう

152

タグで検索する

1 「検索＆発見」画面でキーワードを入力し、キーボードの「検索」ボタンをタップした後、

2 「タグ」タブをタップします。

3 ハッシュタグをタップすると、関連するタグを含む投稿の一覧が表示されます。

自分のアカウントを他のユーザーに共有しよう

知り合いにインスタグラムのアカウントを教えたい場合、検索してもらうよりも自分の「プロフィール」画面へのリンクを送る方が確実です。

自分のアカウントを共有するにはどうすればいいの？

自分のアカウントを誰かに共有したいとき、「プロフィール」画面へのリンクを送ります。QRコードを使う方法もありますが、相手が近くにいない場合はリンクを送りましょう。

❶ 相手がその場にいる場合は、相手のスマホでQRコードを読み取ってもらう
❷ メールやメッセージアプリでプロフィールへのリンクを送る
❸ プロフィールのリンクをコピーして送る
❹ QRコードをダウンロードしてメールで送る

プロフィール画面へのリンクを送る

1 画面右下の 👤 をタップし、

2 「プロフィールをシェア」をタップします。

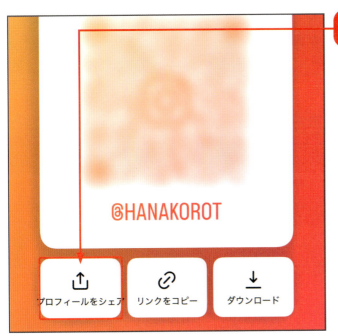

3 「プロフィールをシェア」をタップします。

> **ポイント**
> 手順3で「ダウンロード」をタップしてQRコードを保存し、メールやクラウドサービスで送ることもできます。その場にいる人にはQRコードを読み取ってもらってください。

4 「メール」や「メッセージ」アプリを選択すると、リンクを貼り付けて送信できます。

ノートで短いテキストを投稿しよう

ちょっとした告知をするときは「ノート」を使ってみましょう。お互いにフォローしていないアカウントからは見えないので気軽に投稿できます。

ノートって何？

「ノート」はストーリーズのように24時間で消える短文機能のことです。「プロフィール」画面の左上や「ダイレクトメッセージ」画面（Sec.43参照）に表示されるアイコンに吹き出しで表示されます。お互いにフォローしているアカウント同士だけに表示されるため、フォローしていないアカウントには表示されません。

一度に表示できるノートは1つのみで、最大60文字まで入力できます。一度投稿したら修正できないので、内容を変更する場合は再投稿する必要があります。ノートを **タップ** して「ノートを削除」を選び、削除した後に再投稿してください。

プロフィール画面のアイコンに表示されます。

ダイレクトメッセージ画面の上部に表示されます。

ノートを投稿する

1. フィード画面右上にある「メッセージ」アイコンをタップします。

2. 自分のアイコン上部の吹き出しをタップします。

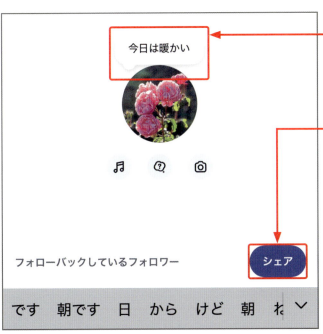

3. テキストを入力して、

4. 「シェア」をタップします。

ポイント
手順3のアイコンの下にあるボタンで、音楽や短い動画を入れることもできます。

映える写真の撮り方のコツを知ろう

「インスタ映え」が流行語になったように、インスタグラムには見映えの良い写真が数多く投稿されています。ここでは写真を撮るコツを紹介しましょう。

映える写真とは？

「映える」写真とは、目を惹く魅力的な写真のことです。何も考えずに撮影した写真を投稿しても、印象が薄いものになり、多くの人に見てもらえません。そこで以下で紹介するように被写体を強調させたり、構図を意識したりして工夫してみましょう。コツをつかむと映える写真を上手に撮影できるようになります。

特に意識せずに撮影した写真

被写体を際立たせて「インスタ映え」を意識した写真

スマホの持ち方に気を付ける

スマホを両手で持ってブレない写真を撮りましょう。カメラアプリによっては、画面上を**タップ**すると焦点を合わせることができます。また、夜景の撮影はシャッターを切るまでに時間がかかるため、三脚を使うと綺麗に撮れます。

●ブレてしまった写真

●スマホを固定して撮影した写真

明るい場所で撮影する

インスタグラムでは明るい写真の方が好まれます。自然光で撮影した写真は、室内照明を使ったものに比べて、色味や質感が自然で美しく仕上がります。ただし、日光が強すぎると色味が不自然になる場合もあるので注意しましょう。

●夜、室内の明かりの下で撮影した写真

●日中、窓辺の自然光で撮影した写真

角度を付けて撮る

撮影の角度によって写真の印象は変わります。たとえば、ランチの写真を撮る際、真上から撮るよりも横から撮る方が立体感が出て美味しそうに見えます。真横ではなく少し斜めの角度から撮影するのがポイントです。

●上から撮影した写真

●斜め横から撮影した写真

構図を意識する

写真には構図の基本があります。よくあるのが、被写体を三角形や対角線上に配置した写真です。意識して撮影すると見映えの良い写真になります。写真撮影は経験を積めば積むほど上手くなるので、たくさん撮影して慣れましょう。

●左上角から右下角に向かった線上に被写体を置いて撮影した写真

●被写体で三角形を作って撮影した写真

カメラアプリの設定をする

写真のデータは、複数の点（画素）で表現されています。画素数はその点の数を表しているため、画素数が多いほど高画質になるのです。iPhone（iOS 18）の標準カメラの場合、「設定」→「カメラ」→「フォーマット」→「写真モード」で画素数を選択することが可能です。Androidの場合は、「カメラ」アプリの右上の「歯車」→「画像サイズ」で選択できます。

●iPhone16 Proでは「設定」アプリの「カメラ」で画素数を選択

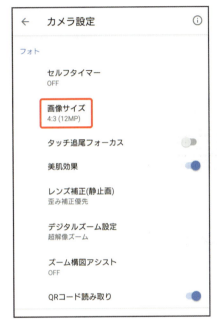

●Androidは「カメラ」アプリの設定画面で画素数を選択

インスタグラムの「メディアの画質」を変更する

インスタグラムに写真を高画質でアップロードできるように設定しましょう。「インスタ」アプリの「プロフィール」画面の右上にある ≡ を タップ し、「メディアの画質」（Androidは「データ利用とメディア品質」）を タップ します。「最高画質でアップロード」をオンにします。

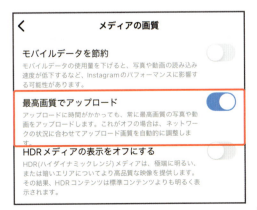

インスタライブを見てみよう

インスタグラムにはリアルタイムで配信できる「ライブ」機能があります。自分で配信する前に、まずは他のユーザーの配信を見てみましょう。

インスタライブとは？

「インスタライブ」は、テレビの生放送のように、誰でも気軽にリアルタイムで配信できる機能です。フォローしているユーザーがインスタライブの告知をしていたら参加してみましょう。テレビと同じで視聴する側の画面は映りませんし、音声も届かないので安心してください。

❶ 配信者のユーザー名
❷ 視聴者数
❸ リンクのコピーまたはシェアで他の人に紹介できる
❹ ライブから退出する
❺ コメントが表示される
❻ ライブへの参加をリクエストする
❼ コメントを入力する
❽ ライブへの参加をリクエストする
❾ 質問をする
❿ シェアする
⓫ リアクションを送信する

インスタライブに参加する

1 「プロフィール」画面のアイコンに「LIVE」と表示されていたらアイコンを**タップ**します。

ポイント
ライブ配信中のユーザーは、プロフィールアイコンに「LIVE」と表示され、**タップ**すると視聴できます。

2 インスタライブを視聴できます。「×」を**タップ**すると退出します。

ポイント
自分が配信する場合は、プロフィール画面右上の「+」を**タップ**し、「ライブ」を**タップ**します。

第5章 インスタグラムの上手な使い方を知ろう

163

コメントを送る

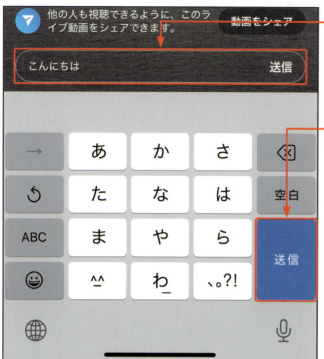

1. 入力ボックスにメッセージを**入力**し、

2. キーボードの「送信」ボタンを**タップ**します。

3. コメントを送りました。

> **ポイント**
>
> メッセージボックスの右端にある「ハート」を**タップ**するとハートや笑い顔のリアクションを送れます。

インスタグラムを安全に使おう

この章でできること

- アカウントを非公開にする
- ユーザーを制限する
- セキュリティを強化する
- 通知設定を変更する
- アカウントを削除する

アカウントを非公開にしよう

インスタグラムに投稿された写真や動画は、世界中の人が閲覧可能です。フォロワーとだけで楽しむ場合、アカウントを非公開にして利用しましょう。

アカウントを非公開にするとどうなるの？

アカウントを非公開に設定すると、フォロワーでないユーザーには投稿が表示されなくなります。
非公開の状態でフォローされた場合、リクエストを許可しないと投稿を閲覧できません。なお、非公開にする前にフォローしていたユーザーには投稿が表示されます。

フォローを許可していないアカウントには「このアカウントは非公開です」と表示されます。

非公開アカウントをフォローすると「リクエスト済み」と表示されます。

アカウントを非公開にする

1 👤をタップ🫵し、

2 ☰をタップ🫵します。

3 「アカウントのプライバシー」をタップ🫵します。

ポイント

インスタグラムは楽しい反面、夢中になりすぎると疲れてしまう場合もあります。もし静かに楽しみたい場合は、アカウントを非公開にして、フォロワーとだけ楽しむという選択肢もあります。

4 「非公開アカウント」のスライダーをタップします。

ポイント
アカウントを非公開にしても、プロフィール画面の文章やアイコンは誰にでも見えてしまいます。知られたくない内容は書かないようにし、アイコンにも気を付けましょう。

5 「非公開に切り替える」をタップします。

ポイント
非公開から公開にする場合は、手順5で「公開に切り替える」をタップします。

非公開の状態でフォローを許可する

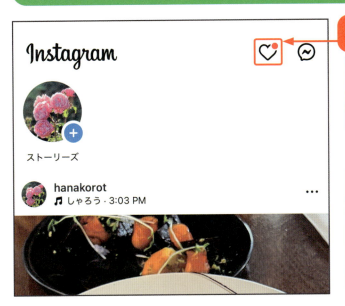

1 「フィード」画面で「通知」アイコンをタップします。

> **ポイント**
> 非公開の状態でフォローされると通知が届きます。相手のプロフィール画面を確認し、フォローされても大丈夫かどうか判断してから許可しましょう。

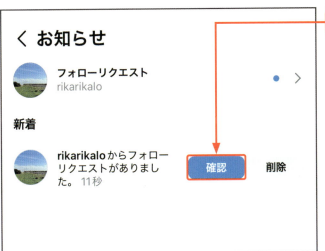

2 「確認」をタップします。

> **ポイント**
> 「確認」をタップすると、フォローした相手に自分の投稿が表示されます。フォローされたくない相手に間違えて許可しないように気を付けてください。

3 フォローリクエストが許可されました。

第6章 インスタグラムを安全に使おう

52 ユーザーをブロックしよう

ユーザーの中には、勧誘や嫌がらせをする人もいます。そのようなユーザーからの連絡を「ブロック」機能で遮断することが可能です。

ブロックするとどうなる？

「ブロック」は自分の投稿を相手から見えないようにし、相手の投稿やメッセージが自分から見れないようにする機能です。ブロックしたアカウントが自分のプロフィール画面を見に来た場合、「投稿はまだありません」と表示され、投稿を見られなくなります。また、相手がダイレクトメッセージを送ってきても届かないようになっています。

ブロックしたアカウントには、自分の投稿が表示されません。

ユーザーをブロックする

1 ブロックしたいアカウントのプロフィール画面で … アイコンをタップします。

2 「ブロック」をタップします。

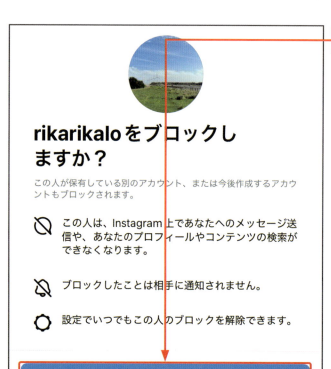

3 「ブロック」をタップします。

4 ブロックしました。

> **ポイント**
> 間違えてブロックしてしまった場合は、手順4の画面で「ブロックを解除」をタップするとその場で解除できます。

ブロックを解除する

1  をタップし、

2 画面右上の ≡ をタップします。

> **ポイント**
> 後からブロックを解除する場合は、設定画面から操作します。

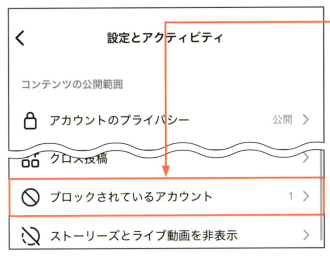

3 「ブロックされているアカウント」をタップします。

4 「ブロックを解除」をタップします。

ユーザーを ミュートにしよう

フォローしているユーザーでも距離を置きたいと思うときもあります。そのようなときにおすすめなのが「ミュート」機能です。

ブロックとミュートの違いは？

「ブロック」は相手を遮断する機能で、自分の投稿を相手に見られなくなり、ダイレクトメッセージも届かなくなります。

一方「ミュート」は、頻繁に交流したくない相手に使用します。ミュートしたアカウントからコメントがついた場合は、「コメントを見る」を**タップ**して承認しないと見えないようになっています。また、ダイレクトメッセージが来たときは、「リクエスト」に入るので、他のユーザーからのメッセージと区別することができます。

ミュートしたアカウントからのコメントは、「コメントを見る」を**タップ**しないと読めません。

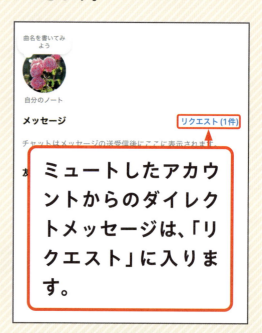

ミュートしたアカウントからのダイレクトメッセージは、「リクエスト」に入ります。

ミュートにする

1 ミュートするアカウントのプロフィール画面右上で … アイコンを**タップ**し、

2 「制限する」を**タップ**します。

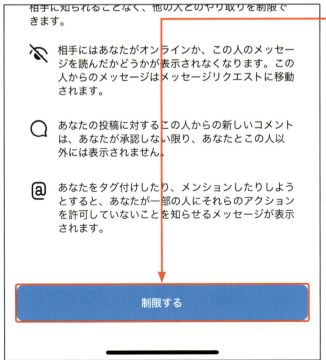

3 「制限する」を**タップ**します。

ポイント
ミュートを解除するには、手順 1 の画面で「制限を解除する」を**タップ**します。

パスワードを変更しよう

パスワードを盗まれると、アカウントが乗っ取られる恐れがあります。少しでも盗まれた可能性がある場合は、すぐにパスワードを変更しましょう。

パスワードの変更は必要？

インスタグラムのアカウントを盗まれて、アカウントにログインできなくなるケースがあります。
「だれかがログインしたかも？」「パスワードが盗まれたかも？」と思ったら、すぐにパスワードを変更することをおすすめします。

設定画面でパスワードを変更します。

パスワードを変更する

1 プロフィール画面右上の ≡ を **タップ** 🫳 します。

2 「アカウントセンター」を **タップ** 🫳 します。

ポイント

アカウントセンターでは、パスワードやセキュリティ、個人情報の設定などができます。InstagramだけでなくMeta社のFacebookやThreads（スレッズ）のアカウントもまとめて管理できます。

3 「パスワードとセキュリティ」を**タップ**します。

4 「パスワードを変更」を**タップ**します。

ポイント

頻繁にログアウトする人は、「保存済みのログイン情報」を**タップ**した画面で、ログイン情報を保存できます。そうすることで、ログイン時の入力の手間を省けます。

5 パスワードを変更したいアカウントを**タップ**します。

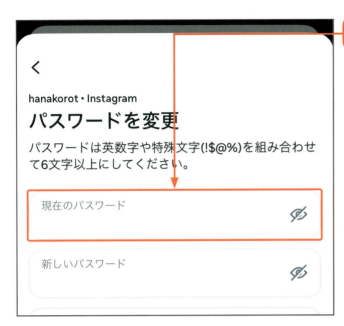

6 現在のパスワードを入力します。

ポイント
パスワードを忘れた場合は、「パスワードを忘れた場合」をタップして再設定してください。

7 新しいパスワードを2か所に入力して、

8 「パスワードを変更」をタップします。

ポイント
パスワードは6文字以上、かつ英数字と記号(!&@%)を組み合わせて作成してください。

第6章 インスタグラムを安全に使おう

二段階認証にしよう

地道に続けてきたインスタグラムの投稿は大切な財産です。他人が簡単にログインできないようにセキュリティを強化しましょう。

二段階認証って何？

万が一パスワードを盗まれてもログインできないように、認証方法をもう1つ追加するのが「二段階認証」です。
二段階認証の方法は「認証アプリ」「SMS（ショートメッセージサービス）」「WhatsApp」の3種類がありますが、一番簡単なのはSMSを使う方法です。

SMSに送られてきた番号を入力しないとログインができないように設定します。

二段階認証を設定する

1 Sec.54の手順4で、「二段階認証」をタップします。

2 インスタグラムのアカウントをタップします。

ポイント

複数のアカウントを使用している場合は、それぞれのアカウントで設定してください。アカウントの切り替えは、プロフィール画面左上にあるユーザーネームをタップするか、画面右下の◎を2回タップします。

3 「SMSまたはWhatsApp」をタップし、

4 「次へ」をタップします。

5 「○○を認証」をタップします。

ポイント

携帯電話番号を変更する場合は、Sec.54の手順3の画面で「個人の情報」→「連絡先情報」をタップした画面で操作してください。

6 SMSに送られてき
た認証コードを**入力**
し、

7 「完了」を**タップ**
します。

ポイント

もし何度試してもSMSに送ら
れてこない場合は、WhatsApp
アプリをインストールする方
法を使用してください。

---

hanakorot・Instagram

認証コードを入力

◼◼◼◼◼◼◼◼◼に送信された6桁のコード
を入力してください。

このコードが届くまでに1分程度かかる場合がありま
す。**コードを再送信**.

コードを入力
123456

完了

---

hanakorot・Instagram

二段階認証はオンになっています

今後、不明なデバイスからのログインには、常にログ
インコードの入力が求められます。**詳しくはこちら**

ログインコードの取得方法

SMSまたはWhatsApp
コードは「***-****-**◼◼」に送信されます。　＞

その他の方法
他の方法が利用できない場合に、安全にログ　＞
インする方法を確認しよう。

バックアップ方法の追加

認証アプリ

---

8 「二段階認証はオン
になっています」に表
示が変わります。

ポイント

ログイン情報が残っているス
マホで再ログインする場合は
簡単にログインできますが、
他の端末でログインする際
に、SMSに送られてきた番号
を入力することになります。

第**6**章 インスタグラムを安全に使おう

183

通知設定を変更しよう

投稿に「いいね！」がついたり、フォローされたりする度に通知が届きます。頻繁に通知が来て困る場合は設定を変更して通知をオフにしましょう。

スマホの通知をオンにする

インスタグラムからの通知を受け取るには、「設定」アプリで通知をオンにします。

iPhoneの場合は、「設定」アプリの「通知」→「Instagram」で「通知を許可」をオンにします。

Androidは、「設定」アプリの「通知」→「アプリの設定」→「Instagram」でオンにします。

iPhoneの設定アプリで通知をオンにします。

Androidの設定アプリで通知をオンにします。

インスタグラムの通知を設定する

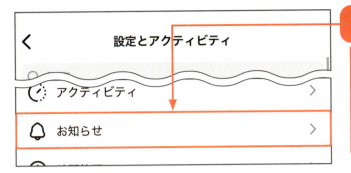

1 プロフィール画面右上の ≡ をタップし、「お知らせ」をタップします。

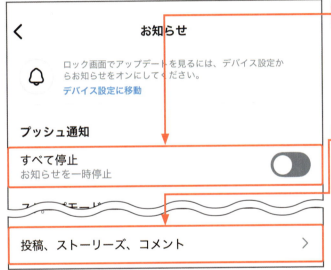

2 「すべて停止」がオフ（灰色）になっていることを確認します。

3 「投稿、ストーリーズ、コメント」をタップします。

4 「いいね！」の「オフ」をタップすると、「いいね！」がついたときの通知がなくなります。

5 「＜」(Androidは「←」)をタップして戻ります。

アカウントを削除しよう

アカウントを削除したい方もいるでしょう。アカウントを完全に削除すると元に戻せないのでよく考えてから操作してください。

アカウントを削除するとどうなる？

アカウントを削除すると、投稿した写真や動画、コメント、「いいね！」、フォロワーが完全に削除されます。削除から30日間はアカウントを復活できますが、30日を過ぎるとデータが消えてしまいます。

少しでも再開の予定があるのなら「アカウントの利用解除」を選択しましょう。「インスタ」アプリ上からアカウントが消えますが、いつでも再開できます。

> ×
>
> **Instagramアカウントの利用解除または削除**
>
> Instagramの利用を一時休止したい場合は、このアカウントを一時的に利用解除することができます。アカウントを完全に削除する場合は、お知らせください。アカウントの利用解除は1週間に1回のみ行なえます。
>
> **アカウントの利用解除**
> アカウントの利用解除は一時的な休止で、アカウントセンター経由で、またはInstagramアカウントにログインしてアカウントを再開するまでプロフィールはInstagramに表示されなくなります。 ○
>
> **アカウントの削除**
> アカウントを削除すると、元に戻すことはできません。Instagramアカウントを削除すると、あなたのプロフィール、写真、動画、コメント、「いいね！」、フォロワーも完全に削除されます。一時的に利用を休止したい場合は、アカウントの利用解除ができます。

> 「アカウントの利用解除」は一時休止のことで、データは残ります。「アカウントの削除」はすべてのデータが消えます。

第6章 インスタグラムを安全に使おう

186

アカウントを削除する

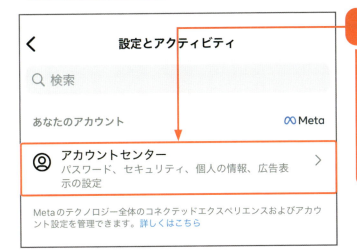

1 プロフィール画面右上の ☰ を**タップ**し、「アカウントセンター」を**タップ**します。

2 「個人の情報」を**タップ**します。

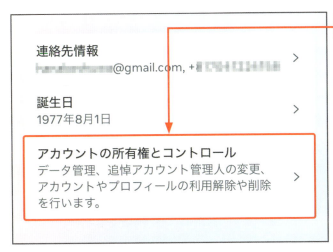

3 「アカウントの所有権とコントロール」を**タップ**します。

4「利用解除または削除」を タップ します。

5 削除したいアカウントを タップ します。

6「アカウントの削除」を タップ し、

7「次へ」を タップ します。

ポイント
一時休止する場合は、手順 **6** で「アカウントの利用解除」を選択してください。

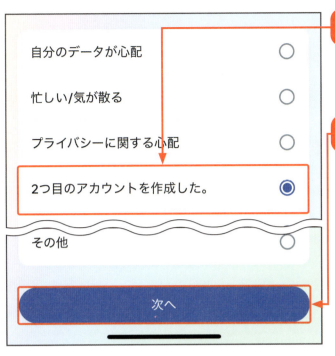

8 理由を選択して「次へ」をタップし、

9 次の画面も「次へ」をタップします。

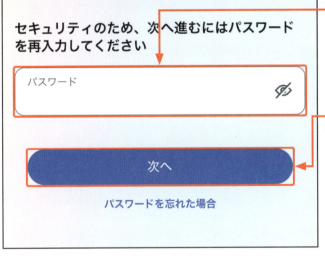

10 パスワードを入力して、

11 「次へ」をタップします。

12 「アカウントを削除」をタップします。

189

Index

英字

Android にインストール	21
App Store	18
Facebook	30
Facebook アカウントでログイン	31
iPhone にインストール	19
JASRAC	128
Meta	30
Play ストア	18
SMS	180
WhatsApp	180, 183

あ行

アカウント	22
アカウントセンター	177, 187
アカウントの非公開	166
アカウントのプライバシー	167
アカウントの利用解除	186
アカウントを削除	186
アカウントを作成	22
明るさ	81
アップデート	131
アプリのインストール	18
いいね！	52
いいね！の取り消し	53
いいね！をつけた投稿の閲覧	54
いいね！をつける	53

位置情報	148
インスタ映え	158
インスタライブ	162
インターネット	17
インフルエンサー	12
おすすめの投稿	42
音楽を追加	78
「音声」アイコン	65, 78

か行

傾き	83
キーワードで検索	46
検索＆発見画面	33, 44
個人情報	40, 104
コメント	68
コメントに返信	112
コメントの削除	70
コレクション	58

さ行

削除した投稿を復元	98
下書き	94
自分の投稿	88
写真の加工	80
写真の投稿	72
ストーリーズ	60, 102
ストーリーズの確認	108
ストーリーズの投稿	104

「設定」アプリ	148, 161, 184
設定とアクティビティ	54, 58, 99

た・な行

ダイレクトメッセージ	142
タグで検索	152
通知	146
通知設定の変更	184
著作権	40, 128
テンプレート	134
投稿画面	33
「投稿」タブ	89
投稿の削除	96
投稿の修正	90
投稿の保存	56
二段階認証	180
認証コード	24
ノート	156

は行

ハイライト	116
パスワードの変更	176
ハッシュタグ	76, 152
ピンチアウト	36
「フィード」画面	33, 42
フィードの閲覧	42
フィルター	84
フォロー	48, 50

フォローリクエスト	166
フォロワー	48
ブロック	170
プロフィール画面	33
プロフィール写真	35
保存	56
保存した投稿の閲覧	58

ま・や行

ミュート	174
メイングリッドにピン留め	92
メッセージ	112
メッセージアプリ	22, 180
メディアの画質	161
ユーザーネーム	27, 181

ら行

リール	64, 102
リール画面	33
「リール」タブ	67, 89, 138
リールに音楽を追加	128
リールに文字を追加	124
リールの閲覧	64
リールの削除	138
リールの投稿	120
利用規約	38

索引

著者
桑名由美

本文デザイン・DTP
はんぺんデザイン

本文イラスト
ふじわらのりこ

カバーデザイン
田邉恵里香

カバーイラスト
カフェラテ

編集
下山航輝

技術評論社ホームページ
URL https://book.gihyo.jp/116

問い合わせについて

本書に関するご質問については、本書に記載されている内容に関するもののみとさせていただきます。本書の内容と関係のないご質問につきましては、一切お答えできませんので、あらかじめご了承ください。また、電話でのご質問は受け付けておりませんので、必ずFAXか書面にて下記までお送りください。
なお、ご質問の際には、必ず以下の項目を明記していただきますよう、お願いいたします。

1 お名前
2 返信先の住所またはFAX番号
3 書名
4 本書の該当ページ
5 ご使用のOSのバージョン
6 ご質問内容

FAX

1 お名前
技術 太郎
2 返信先の住所またはFAX番号
03-XXXX-XXXX
3 書名
今すぐ使えるかんたん
ぜったいデキます！
インスタグラム　はじめて入門
4 本書の該当ページ
36ページ
5 ご使用のOSのバージョン
iPhone 15
6 ご質問内容
プロフィール画像を
設定できない。

問い合わせ先

〒162-0846 東京都新宿区市谷左内町21-13
株式会社技術評論社 書籍編集部
「今すぐ使えるかんたん　ぜったいデキます！
インスタグラム　はじめて入門」質問係
FAX.03-3513-6183

なお、ご質問の際に記載いただいた個人情報は、ご質問の返答以外の目的には使用いたしません。また、ご質問の返答後は速やかに破棄させていただきます。

今すぐ使えるかんたん　ぜったいデキます！
インスタグラム　はじめて入門

2025年5月2日　初版　第1刷発行

著　者　桑名由美
発行者　片岡　巌
発行所　株式会社技術評論社
　　　　東京都新宿区市谷左内町21-13
　　　　電話　03-3513-6150　販売促進部
　　　　　　　03-3513-6166　書籍編集部
印刷／製本　株式会社シナノ

定価はカバーに表示してあります。

本書の一部または全部を著作権法の定める範囲を超え、無断で複写、複製、転載、テープ化、ファイルに落とすことを禁じます。

©2025　桑名由美

造本には細心の注意を払っておりますが、万一、乱丁（ページの乱れ）や落丁（ページの抜け）がございましたら、小社販売促進部までお送りください。送料小社負担にてお取り替えいたします。

ISBN978-4-297-14802-7 C3055

Printed in Japan